BLW 寶寶主導式離乳法實作指導 暢銷修訂版

130 道適合寶寶手抓的食物，讓寶寶自己選擇、自己餵自己！

The Baby-led Weaning Cookbook：Over 130 delicious recipes for the whole family to enjoy

英國BLW嬰兒餵養（固體食物）研創者&頂尖權威

吉兒‧瑞普利（Gill Rapley）&崔西‧穆爾凱特（Tracey Murkett）◎著

陳芳智 ◎譯

新手父母

3

Part 1 寶寶主導式離乳法

Part 2 離乳食譜

Contents 目錄

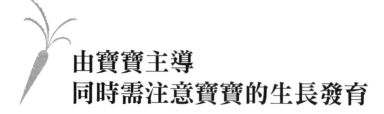

由寶寶主導
同時需注意寶寶的生長發育

| 葉勝雄醫師

　　副食品有很多種派別，循序漸進的方式容易推廣與遵循——如果寶寶願意配合的話。換個場景，如果精心準備的副食品，寶寶都不吃，那麼家長除了擔心之外，可能還會有點生氣。

　　這時，寶寶主導式離乳法（BLW）的出現，彷彿是一種救贖。但在執行 BLW 之前，家長要先想清楚，不要純粹因為寶寶吃太少副食品而改用 BLW，因為 BLW 的精神就是由寶寶主導。而寶寶主導的結果，在你的感覺可能還是吃太少。

　　跨到 BLW，最重要的是改變爸媽的心態，不會為了吃多吃少而擔憂，或因而產生不好的情緒。

　　不過要注意，和西方不一樣，台灣小孩從四個月大開始厭奶的情形很常見。萬一 BLW 真的吃太少，又無法從奶類滿足基本的需求，還是需要醫師從旁協助評估，注意寶寶的生長發育。

　　BLW 有幾個觀念可能會和目前推行的方式略有不同，例如六個月大開始吃副食品。這類的建議改了又改，現在的主流又傾向從四個月開始了。採取 BLW 的，很多同時是純母乳寶寶，因此要特別注意維生素 D 和鐵質的攝取。

　　另外，不是直接用手拿著吃就是 BLW，也不是說用湯匙餵就不是 BLW，重點是在於是否由寶寶主導。同樣的，泥狀食物也並非絕對不可，重點是在於是否有給予寶寶吃固體食物的機會。

　　這本書站在很中性的角度討論 BLW（而不是教條式），即使你並沒有要採用 BLW 的方式，還是可以閱讀看看別人怎麼想？怎麼做？如果你想要或正在採用 BLW 的方式，那麼這本書提供你很多過來人的經驗，讓你感覺更踏實。不過，正如同書裡常提到的，如果覺得有任何疑問，還是可以請教你的醫生。

　　其實，副食品的派別並不一定要壁壘分明，就像你喜歡聽流行樂，但偶爾還是聽聽古典樂或爵士，放輕鬆一點吧！

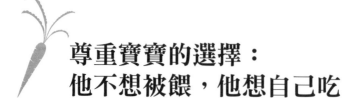

尊重寶寶的選擇：
他不想被餵，他想自己吃

| 芋圓媽 BLW 社團團長（ BLW 資歷 4 年）

跟全天下大部分的新手媽媽一樣，我也是懷孕了之後才開始學習怎麼當媽。2012 年我懷孕時收到一本來自澳洲的母嬰雜誌，裡頭寫滿許多對我來說前所未聞的新知識，像是月亮杯、胎盤膠囊等等，其中，也包括了 BLW。

當時肚裡的小芋圓根本還沒出生，副食品這個階段離我還太遙遠，就只是看過去而已。後來小芋圓滿六個月進入副食品階段，我照當時網路上台灣最盛行的方式從 10 倍粥開始餵起，誰知道他根本不賞臉，一整個禮拜也吃不到 10ml ！於是我想起了 BLW，上網搜尋相關資訊並緊急從 Amazon 訂購 Gill Rapley 博士出版的兩本書籍後，自小芋圓 6M11D 起，開始了我們的 BLW 之路。

現在想來當時選擇怎麼進行副食品的並不是我，而是小芋圓。是孩子很明確地告訴了我：他不想被餵，他想自己吃。幸運的是我曾經閱讀過類似資訊，知道副食品還有另一條路，得以尊重他的選擇。

　　開始 BLW 之後最明顯的是，以往用餐時的緊張高氣壓消失得無影無蹤，小芋圓與我都能夠盡情地放鬆並享受每次一起的用餐時光！他吃飯都好開心，我也樂得拿相機記錄他花招百出的創意吃法，還有吃得滿頭滿臉的災難模樣──相信我，那真的很可愛呀！小芋圓實際執行的情況對照書中所寫的幾乎吻合，像是八個月左右開始懂得食物能夠帶給他飽足感而開始增加吃進去的量，以及能夠親眼見證他手眼協調及捏取食物技巧的進步，再再都給了我很大的信心，慶幸當初自己選擇相信小芋圓是正確的！

　　兩年半後妹妹小禮券要開始副食品時，我更是完全不作它想，當然就直接選擇了 BLW。其實不只是寶寶受益，在執行 BLW 以後，就連我先生和我的飲食也都跟著變得更健康了！因為 BLW 強調要給寶寶原型食物，同時鼓勵家長和寶寶同桌共餐，無形中連大人都降低了很多吃加工食品、垃圾食物與市售零食的機會，久而久之習慣成自然，家中的食物來源以及料理方式都變得更健康了呢！

　　「吃」是攸關一個人身體健康，足以影響一輩子的事。所有的家長都明瞭這一點，所以寶寶要進入副食品階段，新手爸媽們無不戰戰兢兢如履薄冰，務求能在一開始就建立起寶寶良好的飲食習慣，奠定日後長久擁有健康身體的基礎。但事實上寶寶比我們以為的還清楚他們自己需要什麼，進食是一種生物本能，是造物主創造生命時就埋藏在我們基因裡，數千年演化仍不變的本能。我堅信：「越接近原始自然的方法，越是好方法」就像近幾年開始被大力推廣的母乳親餵一樣，最棒、最好、最適合寶寶的方式，就掌握在寶寶自己手上──寶寶天生就懂得替自己決定要不要吃？吃什麼？吃

多少還有吃多快？只要願意相信她，給她機會，她會證明給妳看！

　　而在 BLW 的社群團體裡，最常出現的問題之一就是：「要替寶寶準備什麼食物？」不像傳統餵食有個循序漸進的副食時間表可以參考，BLW 的寶寶能夠吃的食物太多了！雖說初期的 BLW 只要將食物處理成適當尺寸蒸煮後給寶寶吃即可，不過隨著寶寶長大，爸媽們總是會想要在料理上有點變化，好兼顧營養與色香味俱全。

　　這本 BLW 的食譜書與其他副食品食譜不同之處，在於它裡面全部的食譜都是適合全家人一起享用的！BLW 最重要的元素之一就是寶寶與全家人共享用餐時光。食譜利用組合不同食材本身的風味，不用多加調料也能嚐到豐富的美味！

　　本書來自英國，有些食材也許我們不是那麼熟悉，但總是能夠找到相似的替代。像是鮪魚炸餅，我依書中建議用新鮮鮭魚取代，做法簡單食材又健康單純，完全不用加調味料就好吃，這道我做了好幾次，甚至成為我們家的宴客菜呢！

　　最主要的是這本食譜能夠讓家長更有概念，更知道什麼樣的料理適合 BLW 寶寶。還能夠學到許多來自英國的家常餐點，誰說吃西餐一定要上館子？自己也可以在家做喔！

前言

　　如果你想讓寶寶開始體驗全家共餐之樂，和家人一起分享優質、健康的食物，那麼這本書正是專為你所撰寫的。本書內容在介紹如何準備並動手烹調簡單又營養的餐食，讓寶寶能加入大家的用餐行列，並在做好準備的時候，自己餵食，而他所吃的食物就跟其他人一樣。

　　你家寶寶第一次的固體食物體驗不會是磨成泥的「寶寶食品」，且被人用湯匙餵食著。而是他自己用手拿起真正的食物，用手感受食物的觸感、用鼻子嗅聞味道、用舌頭品嚐滋味——然後，慢慢的，學習如何去吃。

　　以這種方式讓寶寶開始吃固體食物既簡單、又有趣，而且對全家人來說都沒有壓力。這是寶寶自然成長的一部分，讓他有機會學習新的技巧，並在自信中成長。和寶寶一起分享食物，比單獨為他準備食物泥更省時，也比購買市售副食品更便宜，而且樂趣多多。這不是一本充滿著「手抓食物」的書，書中所有食譜包含了豐富的食材種類及口感，從顏色多采多姿的炒什錦蔬菜到英倫風味的牧羊人焗烤派都有，而且做起來很容易，就算寶寶已經開始吃固體食物了，也可以參與進來與大家一起用餐。

我們不會把食物切成笑臉形狀來「引誘」寶寶，也沒有把紅椒「隱藏」起來騙他吃。這本料理書中充滿優質的家庭食物，寶寶可以一起吃，而每一位家人也都會愛上這些菜色的。

　　每一道菜餚都是作法簡單、美味又營養的，但這些菜色並非「我們自創」的，而是來自於採用寶寶主導式離乳法（簡稱 BLW）的家長們，與大家一起分享自己與寶寶都喜歡的各種食物點子。這些菜色都是他們喜歡、做過、並且試吃過的。

　　如果你從未自己下廚，或是對自己的廚藝不太具有信心，那麼這些食譜都是很容易跟著學做的，裡面也有一些基本技巧的訣竅。如果你是一位經驗豐富的大廚，本書能提供你一些靈感，讓你簡簡單單就能做出符合 BLW 原則的美味佳餚。

　　我們的目標是要建立你的自信，讓你做出各式各樣種類豐富又美味可口的餐食，讓寶寶能與你一起分享食物，也讓全家的用餐時間充滿歡樂氣氛。

註：本譯本不會特意標出寶寶的性別，男孩女孩一律以「他」表示。

Part 1
寶寶主導式離乳法

「我很愛兩個孩子坐在我身邊,和我們吃著相同食物的感
覺。我只做健康的餐食,而艾略特加入我們用餐後——被
允許什麼都可以去吃吃看。這樣做沒有壓力,他真的很喜
歡呢!」

芮柯,十一個月大艾略特以及兩歲大盧賓的媽媽

第1章

寶寶主導式離乳法的基本要領

在同一個時間、同一張桌子上，和寶寶一起進餐，吃著同樣的食物，就是寶寶主導式離乳法（下簡稱 BLW）的精髓所在。嬰兒食品、磨泥食品或是湯匙餵養都是不需要的。寶寶從開始吃下第一口固體食物起，就是自己餵自己吃、自己探索並享受健康的家庭餐食。BLW 讓全家人在寶寶剛開始吃固體食物時也能簡單而愉快，而寶寶在受到鼓勵後，變得自信滿滿，用餐時間開開心心，長大後還能享受優質又營養的好食物。

BLW 的基本原則建構在寶寶人生第一年當中成長發育的方式，以及這一年中被自然賦予的技巧上。如果家長給寶寶機會，讓他們在適當的時機自行抓取並處理食物，當寶寶做好準備時，就會依照本能，開始餵自己吃東西。對大多數的寶寶來說，這件事發生在他們六個月大左右，也正是英國衛生部門和世界健康組織推薦寶寶開始食用固體食物的年紀。之後，寶寶會以他們自己的步調，在做好準備之後，慢慢減少他們的攝乳量。

這跟傳統的方式，也就是家長決定寶寶什麼時候開始吃固體食物、開始餵食物泥，並主導他經歷各個階段才終於加入家人的用餐行列大相逕庭。而這個與全家人一起共餐的時機通常不到他們學步期之後是不會發生的。

當然了，寶寶幫助自己吃家常食物不是件新鮮事。許多家長，特別是家中有幾個孩子的父母，都早已見過寶寶從別人碗盤裡抓取東西，開開心心地咀嚼起來，這對寶寶來說再自然不過了。家長們很快就發現，讓寶寶在有能力自己進食時就自己吃東西，會讓每個人的用餐時間更簡單、也更愉快。一直以來，家長們都被鼓勵從孩子六個月起就給他們手指形狀大小的手抓食物，讓他們進行咀嚼技巧的訓練。現在要改變的地方則是寶寶在進入手抓食物階段之前，必須習慣食物泥這個假設。事實並非如此，從湯匙上吸食食物泥對於寶寶訓練咀嚼技巧是沒有幫助的。要培養咀嚼技巧，最好的方式是在真正需要被咀嚼的食物上進行練習，換句話說，就是一般、沒有被壓扁、壓成泥的食物上。

　　「我們給湯瑪士稠稠的粥，想讓他試著開始吃固體食物，誰知道他嘴巴緊閉著不張開。讓他自己撿塊食物在手裡，他倒是快樂多了。他就是個堅持獨立自主的小人兒。」

　　　　　　　　　　伊莉莎白，十三個月大湯瑪士的媽媽

為什麼湯匙餵養是不必要的？

　　大多數人依然認為，用湯匙餵寶寶吃最初的固體食物是理所當然的事。但是和現在許多引介寶寶吃固體食物的建議一樣，湯匙餵養是建議寶寶從三、四個月大開始吃固體食物時遺留下來的作法，

那個時期的寶寶還太小，無法餵自己吃東西。

現在我們了解到，寶寶在六個月之前，還未真正做好吃固體食物的準備，所以並不需要固體食物。如果等到寶寶六個月大才開始讓他吃固體食物，就能直接跨越用湯匙餵食的階段了。這個年紀的寶寶已經有能力可以自己吃東西，不需要大人用湯匙餵。事實上，許多家長都發現，他們六個月大的寶寶是拒絕別人用湯匙餵的。他們想要自己抓取並處理食物，因為本能會驅使他們用手和嘴巴去測試東西，看看那是什麼。

「我今天第一次給威爾粉蒸肉吃。看他忙著想辦法把東西送到嘴裡實在太吸引人了。他似乎就在一餐飯的時間學習了一個全新的技巧。」

凱倫，兩歲大山姆和八個月大威爾的媽媽

採取寶寶主導式離乳法會發生的事

　　剛開始採行 BLW 的前幾個月，寶寶不是真的在吃東西——他們在探索食物。寶寶會開始抓取食物，學著去認識食物長什麼樣子、感覺如何，然後才用嘴巴去發現食物嚐起來的味道和口感。最初，他不會真的吃，這一點很正常；此刻他所攝取的乳量（無論是母乳還是嬰兒配方奶）還是會提供他所需的全部營養，因此不需要其他食物。

　　以下是採取 BLW 時的典型狀況：

🥦 寶寶進來和家人一起用餐，看別人在做什麼，並給他參與的機會。

🥦 沒有人會去「餵」寶寶，當他做好準備，自然會去抓取食物，拿到自己嘴邊（最初用手指頭，後來就用餐具了）。

🥦 一開始，食物被切成容易拿取的大小（寶寶很快就能學會處理各種不同大小、形狀和材質的食物）。

🥦 要吃多少食物、用多快的速度吃，全由寶寶決定。要在多短的時間內進展到多少食物種類的選擇，也是由他決定。

❦ 寶寶繼續喝奶（母乳或是嬰兒配方奶），隨時想要喝就喝，由他決定何時做好要減量的準備。

寶寶主導式離乳法的主要優點

順著寶寶的本能，讓他自己處理食物，而不是對抗，會讓寶寶在離乳時比傳統方式容易，也有趣得多——不過，採用 BLW 還有更多其他優點。因為：

❦ BLW 容許寶寶就自己身體的發育狀況，在適當的時間點，以適當的步調轉換到固體食物上，並確保重要的奶水供應不會太早被切斷。

❦ 容許寶寶探索各種食物個別不同的味道、材質、口感、色彩以及氣味。

❦ 有助於寶寶發展手眼協調能力、雙手的靈敏度以及咀嚼技巧。

❦ 容許每一個寶寶依照自己的需要攝取所需的分量，並搭配自己的時間步調，這樣建立起來的優良飲食習慣會持續一生（有助於避免日後可能產生的肥胖症，以及其他與飲食相關的疾病）。

❦ 讓挑食、吃飯大戰的情形減少發生（寶寶吃東西時沒有壓力，用餐變成戰場的機會就會大減）。

❦ 鼓勵寶寶用餐時間更具信心，也享受範圍更廣泛的食物。

❦ 意味著，從一開始，寶寶就能與家人一起用餐。

　　採用 BLW 對家長也是一大福音，因為全家人的用餐時間也會輕鬆得多。家長沒有壓力，不必讓寶寶非得吃什麼，也不必費心去玩遊戲、耍心機說服他吃健康的食物。更不必大費周章地準備食物泥，寶寶食物的價格更便宜，外出用餐時也簡單。此外，與所愛的人一起用餐更是建立家人之間強大向心力與牽絆最重要的途徑。

所有的寶寶都適合寶寶主導式離乳法嗎？

　　有些寶寶有醫療或發育上的問題，不能自行拿取食物或咀嚼。除此之外，早產兒可能在能自行餵食之前，就需要固體食物了。如

果你的寶寶屬於上述情況，可能就需要用湯匙餵食，至少一開始是
需要的。

不過，只要在安全的情況下，鼓勵寶寶自己抓取食物，幫助他
發展做有難度的技巧還是很不錯的。

如果你對寶寶的健康狀況或發育進度有任何疑慮，在開始給他
固體食物之前，請尋求醫師或營養師的建議。

「我們很早就決定吃飯時間就是我們的社交時間，而不是
只顧著吃。這樣一來，吃東西的壓力真的就消失了。丹尼爾現
在長大些了，他在參與大家談話和用餐方面都做得很好。」

麗莎，二歲大丹尼爾的媽媽

第2章

寶寶如何學習自己餵食

　　當時間點對了，寶寶自己學吃固體食物就是與生俱來的本事，但是寶寶何時能做好準備、這些吃的技巧是如何發展出來的？如果能了解也是很有幫助的。本章將會仔細說明家長可以期待的事，也會說明如何幫助寶寶以自己的步調來推進。

吃固體食物的適當時間

　　所有寶寶在人生的前六個月裡，都只需要母乳或是嬰兒配方奶而已，這些乳汁之中充滿了非常容易消化的營養與熱量。小嬰兒的消化系統及免疫系統還沒做好可以應付其他食物的準備。

　　所餵養的乳汁可以持續提供寶寶需要的大多數營養，直到一歲左右，但是從六個月左右起，他們就會開始需要一些乳汁之外的營養。只不過，這個需求量最初是很小的，需求也增加得很緩慢，所以沒必要匆匆忙忙的急著引介固體食物給寶寶。大多數寶寶在九個月大到一歲之間，只需要極少量的固體食物。他們需要時間來習慣食物的感覺、味道，在更大量進食之前，讓身體能夠自然地調整。

　　寶寶對營養逐漸增加的需要，是與他將食物送進嘴中、身體也有能力進行處理的速度同步進行的。如果他被允許從一開始就自己吃東西，那麼他在居家用餐的前幾個月，學習的就是如何處理食物（用雙手和嘴巴），而身體也會逐漸開始適應混合式的餐食。所以到了真正需要攝取更多食物的時候——也就是九個月到一歲之間——他就可以自己吃種類廣泛的各式食物，而他的進食也會更具有目的性。到了那時候，他才會慢慢減少乳汁的攝取量。

我家寶寶準備好了嗎？

　　英國衛生部門建議，吃固體食物的最小年齡應該在六個月；有些寶寶可能早一、兩個禮拜就準備好了，但是有些到八個月或更大以後才做好準備，並對進食產生興趣也是有可能的事。對家長來說，問題在於他們過去被告知要留心的就緒徵兆（像是夜裡醒來），很多在六個月以前就出現了。我們現在了解，這與需要更多營養，或是消化其他食物的能力無關——這些只是自然而然會發生的事。特別飢餓也不是寶寶已經準備就緒的徵兆，如果寶寶成長需要更多燃料，那麼高濃度的熱量來源——母乳（或嬰兒配方奶）才是正解，不是固體食物。

　　大多數的寶寶只有在能做到下面所有的事情後，才是準備就緒、可以真正開始探索食物的時候：

❤ 上半身可以坐直起來，不需要支撐或是只需要一點點支撐。

❧ 可以有效率的伸手出去摸東西並抓起來。

❧ 把東西放到嘴裡時又快又準確。

❧ 可以做出咬或咀嚼的動作。

　　這些徵兆通常在寶寶六個月左右會同時出現——提前出現的機會非常少。但是最可靠的徵兆就是寶寶開始從你的碗盤中抓食物，拿到嘴裡，開始咀嚼。

　　「有一天，我正剝著橘子，蕾依幾乎要從她的餐椅爬出來，想從我手上抓過去。我把橘子給她，她超愛呢。」

露西，三歲大娜達麗和八個月大蕾依的媽媽

 ## 學習吃固體食物

　　就如同學習如何微笑、爬行、走路或講話一樣，學習如何吃固體食物也是所有健康寶寶發育中與生俱來的一部分。這些基礎的技巧一向都是以相同的順序依序發展的，只是每個寶寶都有屬於自己的步調而已。所以，

即使這些能力在每一個寶寶身上出現的時間略有不同，他們所需的所有技巧，從出生後都會逐漸被發展出來。

一個健康又足月的寶寶，出生後自然會找到方法尋找母親的乳房，開始餵自己。媽媽則以支撐的姿勢把寶寶抱住，剩下的步驟就都由寶寶自己來進行了——所以，餵自己吃這件事從寶寶呱呱落地就開始了。這是所有新生寶寶都擁有的基本生存技巧，就算他們不是母乳親餵也一樣。如果寶寶被允許一有需要就餵，那麼他就能控管自己的胃口，精確的攝取所需的量。

寶寶四個月左右，就會開始發展之後能協助攝取固體食物的技巧了。他會伸手出去抓住感到有趣的東西（例如，他自己的玩具或別人的鑰匙），並把東西送到嘴邊，用他的嘴唇和舌頭來探索。寶寶的嘴巴極為敏感，這正是他們得以學習東西味道、口感、形狀和大小的方式。

到了六個月左右，寶寶把東西送到嘴邊的能力更準確了。就算他拿起的是可以吃的東西，他還是會把它當做玩具——然後用手和嘴巴來探索（現在手的能力比較協調了），他並不知道那是食物。寶寶是好奇，而不是肚子餓。如果他能把東西送進嘴裡，那就算是有趣的福利了，但這並非這個練習的目的。

咀嚼能力在寶寶六個月左右開始發展。這是一項非常重要的技巧，因為咀嚼食物（無論有沒有牙齒）會讓食物軟化，混以口水，讓吞嚥變得比較簡單，也較安全，這也開始了消化的過程。盡早讓寶寶有機會開始練習咀嚼是確保寶寶能有效學習咀嚼的最佳方式。

六個月之後很久（十個月或更大）都還沒有機會練習咀嚼的寶寶後來吃東西通常會變得比較麻煩又挑剔。

由於進食的技巧是以一套既定的順序發展的，寶寶在學會如何把東西移動到喉嚨後部吞嚥之前，就會發現要如何用牙齦磨、啃食、咬動、並咀嚼食物。這意味著，寶寶在還不會咀嚼食物的時候，是很少會嘗試吞嚥的。所以如果寶寶在開始吃固體食物的頭一至兩週，沒能真正把東西吞下肚，而是讓東西從嘴裡掉出來，你也不必感到訝異。

「我們提供蘋果和梨子給戴倫，作為他的固體初食。他準確的協調雙手，把食物送進嘴裡的表現讓我們印象非常深刻——幾個禮拜之前，他絕對做不到這樣。蘋果和梨子他似乎都很喜歡試著去吃。但真正吃多少進肚倒是不確定！」

露意絲，六個月大戴倫的媽媽

作嘔反射動作

很多寶寶在學習管理口中固體食物時，都會發出作嘔聲。這可能是一種幫助他們學習安全進食的方式，教他們不要用食物把嘴巴塞得太滿，或是在他們還沒有咀嚼食物之前，把食物送得太後面。有些寶寶只有發出一、兩次的作嘔聲，而其他不少寶寶則是繼續斷

斷續續的發出作嘔聲，時間長達幾個禮拜。

當寶寶作嘔的時候，還沒準備好要被吞下的食物就會在乾嘔的動作中被往前送，而不會被送到喉嚨的後部。對寶寶來說，作嘔反射動作是很敏感的，所以比成年人要啟動作嘔簡單多了，因為這個作嘔的「啟動點」位在嘴中的位置比成年人前面多了。

雖說發出作嘔的動作看起來令人頗為不安，但是大部分的寶寶似乎不會因此感到困擾；他們通常在很短的時間內就能把引起混亂的食物以相當快的速度往前送，然後吐出去，或開始咀嚼——接著快樂地繼續進食。

要讓作嘔反射動作能在寶寶身上發揮作用，一定要確定寶寶吃東西的時候，上身坐直（需要的時候可以支撐一下），這樣還沒準備好要被吞嚥的食物才會往前掉落出嘴巴外——而不是往後滑進喉嚨裡。除了寶寶自己之外，不能讓其他任何人把食物餵進他口中，這一點也非常重要，自己餵，寶寶才有時間能有效掌握每一口食物。

雖說噎到和發出作嘔聲有時會令人很混淆，但這不是同一件事。噎到是有東西完全或是部分擋住了呼吸道（位置已經超過作嘔反射動作被啟動的點）。整個塞住並擋到的情況其實很少見（需要

採取標準的急救步驟），但如果是呼吸道被部分阻塞的狀況，寶寶自己通常就可以好好的把東西咳出來，不過他的上半身必須坐直，或是身體有往前傾。採取 BLW 的寶寶發生噎到的情況並不比用湯匙餵的寶寶來得多，但前提是必須遵守一些基本的安全規則。

協助寶寶學習進食技巧

寶寶需要很多機會好好練習進食技巧，也需要種類廣泛的食物來學習。這樣他們才能適應不同的口感及材質，並逐漸增加自己吃進去的分量。傳統的離乳「階段」，也就是先從幾湯匙的食物泥開始，慢慢推進，最後到一天三次攝取含固形食物的粥狀食物這種階段是不需要的。

無論如何，要訂出幾項重要的進食技巧作為寶寶進展的指標，辦法是可行的，這也是確認家長是否有給予他們一切所需的學習機會，好讓他們擴充飲食範圍的好方法。下頁的表格中把應該注意什麼？寶寶所需技巧大約會在幾個月大的時間點開始出現，明確的寫了出來。

準備食物時如果能把寶寶還未能好好掌握的食物材質與形狀加入菜單，並加上一些他能輕易處理的食物，肯定是不錯的。

由於大多數的餐食中都有很多形狀與材質，所以要做到這一點就是把所有含不同元素的食材都加到你和寶寶的餐食中。只要你把

寶寶能處理的食物也一併納入，他就能嘗試處理，而不會產生挫敗感。

事實上，如果你給寶寶機會，他能夠達到的程度可能會讓你驚喜萬分。

每一項技巧都會在對寶寶而言正確的時間點出現，所以任何企圖教導、或催促他的嘗試很可能只會造成親子之間的挫折感。雖然寶寶最後還是可以學會使用叉子或湯匙，但對大多數的寶寶而言，有好一段時間，雙手是最萬能的。如果你能專心，好好留心給他機會去練習不同的技巧，那麼他肯定能按照自己的時間表，好好享受這個發展技巧的過程。

「艾迪想把湯匙放進碗裡，自己把食物舀起來。他在拿湯匙瞄準方面，向來做得相當不錯，不過協調力還沒好到足以把食物從碗裡面拿出來──但是，他正在朝目標前進。

芮裘，兩歲半羅賓和十一個月大艾迪的媽媽

發展技巧：準備就緒 從六個月左右開始

家長 看到的情形	能夠快速又準確的把玩具放到嘴巴。可以在上面啃咬，做出咀嚼的動作。只要有一點支撐，上半身就能坐直，或許會想上桌和大家一起用餐。可能會從你碗盤中抓取一大塊食物，送到嘴巴。
寶寶 容易處理 的食物	大塊的棒狀食物，包括水果和蔬菜（參見第41頁）、硬麵包片、吐司、大的義大利花式造型麵、軟的餡餅、肉餅或切成手指大小的形狀。或是有柄可抓握的肉。
可提供 的食物	參見下頁

發展技巧：伸手去抓、握抓 大約六～八個月起

家長 看到的情形	可以伸手去摸大塊的食物，並抓住，使用整隻手抓。但是如果食物埋在他的拳頭裡，就吃不到。**所以食物要夠長，頂端突出，他才有辦法用牙齦去磨或囓咬。**可能會用一隻手去拿食物，另一手作導引，送到嘴巴。還不知道力氣的大小，所以常有把柔軟食物捏碎在手中的情形發生。 最初幾個禮拜，大多數食物都會從嘴裡掉出來，因為還沒學會如何咀嚼和吞嚥。想要抓另外一塊食物時，會讓手中的食物掉落，因為他還不會有目的性的把東西放掉。會花時間去檢視食物，從一隻手換到另外一隻手去把玩。

發展技巧：伸手去抓、握抓 大約六～八個月起

寶寶 容易處理 的食物	**大塊的棒狀食物**，包括水果和蔬菜、硬麵包片、吐司、大的義大利花式造型麵、軟的餡餅、肉餅形或是切成手指大小的形狀。或是有柄可抓握的肉。 
可提供 的食物	可以一糰一糰拿起來的食物，像是黏度較高的米飯類、濃稠的粥品、馬鈴薯泥、絞肉塊、乳酪絲。滑的食物，像是帶有醬汁的義大利麵。

發展技巧：拳頭的開合 大約七～九個月起

家長 看到的情形	能抓起**一個拳頭的食物**，而不會把東西擠壓得太過。接著，把食物送到嘴巴時，能把手打開，把手伸進嘴中一大部分。也能把食物從拳頭中擠到嘴巴裡。 現在咬和咀嚼的能力可能愈來愈好了。會開心的用湯匙或是把食物棒作為「沾棒」，浸到軟爛或是流質的食物裡，或者可以把一湯匙你已經裝好的食物送進嘴裡。 會持續仔細檢視食物，對食物進行實驗。

發展技巧：拳頭的開合 大約七～九個月起

寶寶 容易處理 的食物	**棒狀或是糰狀食物**，如前頁上所述。較小、柔軟的食物，如草莓以及煮蔬菜切塊。稍微有點脆的水果和蔬菜（視寶寶牙齒決定）。
可提供 的食物	流質，可以「沾取」的食物，像是鷹嘴豆泥、優格、濃湯。用來沾食物的生鮮蔬菜棒。不同形狀的義大利麵，像是長條形的義大利麵或是寬扁麵條。

發展技巧：使用手指 大約八～十個月起

家長 看到的情形	能夠使用「**沾棒**」，用手指頭拿起食物，握在手裡，不必非得用手掌不可了。小心選擇吃進嘴裡的東西，並決定用什麼順序。可能需要被允許使用餐具，甚至可能會用湯匙挖食物，或是用叉子把一整塊的食物叉起來。
寶寶 容易處理 的食物	大多數的棒狀、糰狀以及軟的食物。脆一點的食物（根據牙齒狀況）。流質食物，配合沾棒。
可提供 的食物	鬆散以及小粒的東西，像是米飯、豆子、葡萄乾、容易碎的麵包。小塊、可以用叉子叉起的食物，以及軟爛，可以用湯匙去挖的食物。

要發展的技巧：較細膩的捏取 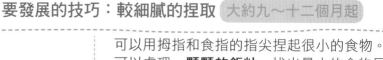 大約九～十二個月起

家長 看到的情形	可以用拇指和食指的指尖捏起很小的食物。可以處理**一顆顆的飯粒**，找出最小的食物屑屑！可能開始可以用叉子準確的插中食物，或是用湯匙挖東西。玩食物的情況開始減少了，開始更具有目的性的吃較多食物。
寶寶容易處理 的食物	幾乎什麼都可以！
可提供 的食物	各式各樣口感及形狀不一樣的食物，這樣寶寶才能去弄懂該如何用餐具處理食物。

要發展的技巧：使用餐具 大約十一～十四個月起

家長 看到的情形	大部分時間可能都想用餐具，讓用餐速度變得非常緩慢。可能會發現用叉子叉食物比用湯匙容易，但有時也可能回頭去用手指頭抓。
寶寶容易處理 的食物	什麼都可以。
可提供 的食物	各式各樣的口感及形狀不同的食物。 

第3章

 如何施行寶寶主導式離乳法

BLW 對寶寶來說可能是本能，但對許多家長來說卻是不同的行事方式。本章會提供一些可以幫助家長施行 BLW 的方法，告訴家長們可以預期什麼。

全家一起吃東西

五、六個月左右的寶寶天生就有好奇心，很喜歡被人納入任何一種活動之中。所以，你的寶寶可能已經讓你知道，他想跟大家一起用餐了。對食物，他或許還沒做好準備，但是他很想知道色彩、噪音、氣味和動作是怎麼回事。

最初，寶寶光坐在你身邊或是膝上，在你吃飯的時候玩著湯匙或杯子可能就很開心了，但是當他開始處理起食物，讓他上半身盡量坐直很重要。實際施行起來，這意味著讓他坐在你膝頭，面對餐桌，或是穩穩的坐在餐椅上——調整束帶，必要的話，把毛巾捲起來，或是用小靠枕來支撐他——這樣他就能隨意的揮動雙臂和雙手了。讓他接觸到任何食物之前，別忘了要讓他洗手！

「一開始，真的只是一個讓她分心的手法而已——我想吃晚餐，但是莫蕊歌對於玩湯匙不怎麼高興得起來——她不斷的想從我盤子中搶東西。所以我甘脆給她一些小黃瓜，我才能繼續吃飯，其實我不認為她會吃。這是她六個月前一個禮拜發生的事。但是她居然想盡辦法把一些小黃瓜送進嘴裡了，並且還一副非常快樂的模樣。」

莉迪亞，三歲大凱特琳以及十二個月大莫蕊歌的媽媽

吃飯時間就是遊戲時間

對剛剛採行 BLW 的寶寶而言，剛開始的幾個月，吃飯時間就是遊戲時間。意思是，寶寶應該會覺得很好玩，那是當然囉，因為是從寶寶的角度來看的，不過這也是一件正經的事——因為寶寶是透過遊戲來學習及發展新的技巧，並仔細調整自己的協調力。

一開始寶寶吃得很少、或是偶而一餐沒吃，這都沒關係——很正常。他的營養和飢餓都幾乎完全依賴喝奶來滿足。你給他玩的食物該是營養的，因為他正在認識食物的味道、學習應該從食物上預期什麼。這個階段的用餐時間並不是真正用來進食的。

一同進餐

BLW 沒有必須遵守的時刻表——只要你用餐時盡量讓寶寶一起

加入，讓他有充分的機會來探索食物，並在準備好的時候吃下肚。

在最初幾個月，不必等寶寶肚子餓才讓他用餐，因為他的營養並不仰賴固體食物；他之所以想加入是因為好奇——有好幾個月的時間，他還不會把固體食物和肚子飽之間畫上連結。事實上，就跟所有遊戲時間一樣，選擇他不餓的時間進行最好。最好也選擇他不累的時候；這樣一來，他所有的注意力都能專注在新的感官上，並好好練習新的技巧。如果他肚子餓或是累了，很可能會產生挫折感或不高興，所以如果看起來有需要的話，可以給他奶喝（母乳或嬰兒配方奶），或是讓他在跟你一起坐在桌旁之前，先小睡一下。

有些寶寶的生活作息很固定，在全家用餐時很快就睡著了；有些寶寶每天還依然要小睡多次，所以很難看出用餐時間安排在什麼時間最合適。如果你們準備吃飯時，寶寶睏得不想理會食物，那麼或許可以留點食物，等他醒來精神好了再跟他分享，然後再逐漸改變他小睡的時間，或是你們的用餐時間。

寶寶如果無法和全家人共同用餐，那麼一定要確定有人可以坐下來陪他一起吃東西，這樣他才不會單獨一人用餐。

「全家一起用餐時間太棒了。為了讓全家可以一起吃飯，我們改變了作息時間──現在我們吃晚餐的時間提前了很多。絕對沒有人會去注意梅森吃了多少東西──他只是我們之中的一份子。」

維琪，三歲大亞歷士以及十一個月大梅森的媽媽

 ## 餵奶時會發生什麼事？

直到寶寶至少一歲大之前，餵奶（母乳或是嬰兒配方奶）都會是寶寶餐食中最重要的一部分。在寶寶人生的第一年，固體物就是無法提供寶寶所需的營養素與熱量，所以還不要嘗試把母乳或嬰兒配方奶停掉，但可以允許寶寶添加固體食物，以他自己的步調，讓飲食逐漸變得更有變化。

你只需要在寶寶需要的時候，繼續給他母乳或是奶瓶就好，這樣他就能自己決定，什麼時候準備好要開始減少攝乳量。這件事，在他九個月大之前可能都不會發生；不過當他在用餐時食量開始增加後，你就會注意到，他自己開始減少攝乳量了。有些寶寶在一歲生日之前，減少的乳量不太明顯，而有些寶寶有時會想多喝一點奶水（少吃固體食物），不必急──你的寶寶知道自己需要什麼。

到了寶寶大約十八個月左右，他對奶水的倚賴度就會降低。不過如果寶寶是喝母乳的，就可能還會再多喝一年左右或是更久。

提供食物的方法

　　提供食物給寶寶時，最好**放幾塊在他面前，而不要直接把食物放進他手裡**。這樣他才能選擇要先拿哪一塊，要拿來做什麼——又或是到底要不要伸手拿。可能的話，提供全家都在吃的食物給他（只要食物合適，參見第四章），這樣一來，寶寶才會覺得自己大家之中的一分子，也可以模仿你。他可以對食物又壓、又擠，或是讓食物掉在地上；他可能會把鼻子湊過去聞，或是拿到嘴邊舔，不過他應該是決定要不要把食物真正吃下肚的人。

　　最初，大多數的寶寶會覺得盤子和食物一樣有趣，他們會玩，想看看能拿盤子來做什麼。雖說，這對寶寶來說可能蠻有趣的，但他會因此分神，不去探索食物的本身，所以你**最好把食物放在餐椅的乾淨托盤或桌子上，不要放在盤子上**。

　　你可以買立體防水軟膠圍兜，上面有很大的口袋可以把掉落的食物接起來。**一開始給他幾種不同的食物，每種一至兩塊**，避免寶寶被沖昏了頭。留一些備用，寶寶如果稍後還想要，馬上就能給他。提供食物給寶寶之前，請別忘了檢查一下食物的冷熱——試吃通常是最可靠穩妥的方式，特別是食物若是使用微波爐加熱時。採用微波爐加熱，食物加熱可能會不均勻。提供食物給寶寶之前，把寶寶那一分放進冰箱幾分鐘，是提供他食物之前，讓食物快速冷卻下來的好辦法。

口味

　　提供寶寶各式各樣不同口味的食物很重要。許多市售的嬰兒食品不是平淡無味就是光有甜味，但是寶寶卻常常喜歡令他們感到驚喜的強烈口味或是辛辣食物，所以請給寶寶那樣的食物，但是不要加鹽。你可以給寶寶許多不同風味的食物，（除非你知道他喜歡辛辣程度，否則食物中加辣椒還是慢慢來得好！）這樣你就能提供他範圍更廣泛的營養，並在他年紀漸長時，鼓勵他嘗試新的食物。

　　「菲兒喜歡有很多味道的食物，不喜歡平淡或索然無味的吃食。加了很多蒜頭或是小茴香的食物她特別喜愛。」

露西，十四個月菲的媽媽

學用餐具

當寶寶準備好要用餐具時，會讓你知道的。他可能很早就能用湯匙沾著吃，但是一開始要以餐具拿取食物時，他可能會先選擇用叉子（前提是叉子不能太尖），因為和「舀」這個動作相比，「刺」是個複雜度比較低的技巧。使用一邊平的小碗，而不是圓碗，會讓  寶寶比較容易用叉子把食物叉起來（因為食物不容易滑掉）。

至於流質的食物，可以選用寶寶能以一手握住的耳壺（另一隻手用湯匙），意思是他的雙手可以一起使用。一開始，湯匙上可以先裝好食物，讓他練習如何把還裝有食物的湯匙送到嘴巴裡！

開始的食物：各類食物的形狀、大小與材質

在剛採用 BLW 的前幾個禮拜，給寶寶吃的食物形狀、大小和材質都要是他能輕鬆拿起來的。你觀察一下，就知道他能處理什麼樣的食物，也能在他技巧進步時，迅速簡單的進行調整。

一開始，寶寶只能用整隻手，也就是加上手掌，而不僅僅是手指來抓東西。他還無法依照自己的意思打開手心，去拿拳頭裡面的

食物,所以食物的切塊就必須長到能突出拳頭之外,粗到讓他能抓住,並用手指頭包圍起來。**粗的棒狀或條狀食物就很理想**。所有小的東西,他都握不住,所以要考慮大一點的。

寶寶一旦開始採用 BLW 後,就會喜歡上處理其他不同形狀和材質的東西。提供他米飯、麵條和絞肉(甚至是濃湯),外加一些他能輕易拿起來的食物都能讓他開始進行實驗與探索,而不會產生太大的挫折感。大多數的寶寶發明創造力都很強,他們對食物的經驗愈多,就需要更多以不同方式處理和咀嚼的食物,這樣他就能更快學會處理的方式。

蔬菜

像是豌豆、蘆筍和秋葵這類蔬菜只要稍微切一下就好,而青花椰和白花椰這樣有小花,也有一點點握柄的食物也很適合。馬鈴薯、地瓜、櫛瓜最好切成棒狀或是有厚度的扇形,上面留一點皮。其他體積較大的蔬菜則應該切成**粗的棒狀**——大約是五公分長,一公分半左右寬。

蔬菜蒸、煮、火烤、烤箱烤、炒或是烘焙都可以。硬度要硬到讓寶寶能握得住,但卻要軟到他可以用牙齦磨,所以如果你向來喜歡蔬菜有一點「脆脆」的嚼勁,那麼你現在可要煮久一點了,特別是在寶寶牙齒還沒長出來之前。如果你把小型的蔬菜(像是豆子)煮到軟,那麼就算寶寶還無法自己把它撿起來,也可能可以用拳頭把它壓起。

蔬菜沙拉

小黃瓜可以切成棒狀，青椒可以切成粗的條狀，西洋芹要先去筋。萵苣可以切成條狀或把葉子捲起來（雖說寶寶可能還無法有效的咀嚼，但是他可能會去嘗試）。番茄切對半或四分之一（看大小）後，寶寶通常比較容易處理；小番茄則應該要切對半。

水果

水果如果沒去皮，通常比較容易握得住，因為沒那麼滑。一段時間後，當寶寶可以把食物咬下一塊時，有些寶寶就會發現水果，像是蘋果的皮，很難嚼得動。觀察一下你的寶寶，看看怎麼做最好。不要擔心水果皮，皮又不是要吃的（如鳳梨）——寶寶很快就會弄懂那些部分能吃。所有的水果都要洗乾淨，去籽。

你可以提供切成對半或是四分一（而不是小塊）的蘋果和梨子給寶寶，也可以整顆給。你可以把核去

掉，這樣寶寶就能把大拇指套進去，方便握住。選擇較軟的水果，這類水果不容易脆裂開來（用微波爐把蘋果微波幾秒，就能讓蘋果變得柔軟）。在水果上先咬一口，這樣寶寶比較容易吃。

　　酪梨、鳳梨、哈密瓜這樣的水果最好切成有厚度的扇形，軟甜桃或是杏桃可以切半或是四分之一，藍莓應該要輕壓一下，葡萄切半去籽。口感柔軟的莓果類，像是草莓、覆盆子這一類可以整顆給——寶寶會很愛去學習如何握才不會把它壓碎。香蕉可以整根給，但是一整根通常太大，小手不容易握住，所以最好切順切成條狀。

如果香蕉太熟，可以用指頭在頂端施壓——這樣就會很自然的斷成三截，然後你再從中切半。另一個方式則是把香蕉切一半，修一下留下面的皮，這樣頂端突出的部分看起來就像是甜筒上的冰淇淋。

「艾倫會把蘋果片嚼掉，然後把皮吐出來。」

喬安娜，兩歲依莎貝拉和八個月大艾倫的媽媽

義大利麵

　　把「寶寶」的迷你小麵忘了吧——你家寶寶還不到能握住的年紀，替代的方式就是找體積大一點的，這樣他可以用整隻手握住。螺旋狀的比直條狀的容易握，扁盤狀的對他們來說也較容易處理——一開始時可以試試貝殼麵、螺旋麵和管狀麵，當寶寶的技術愈來愈好後，可以改成體積較小，表面也比較平滑的麵。義大利直條麵很有趣，不過，或許你會想留到你有很多時間可以清理時再吃！煮麵時，水中最好不要加油，以免麵變得太滑。一開始，寶寶可能喜歡吃原味的義大利麵，你可以在旁邊放點醬汁讓他玩，或是用手指頭去沾來舔。當他對食物的經驗變多後，就可以同時處理加了醬汁的麵了。

米飯

　　一般長型的米，寶寶最初要處理可能有點麻煩，不過稍微煮久一點，米之間的黏附度就會比較好。較佳的選擇是黏性較高的米或壽司米之類，你也可以用義大利燉飯這一類的飯食來開始，這類的米飯可以軟軟的撈上手，飯糰也是一個選擇。之後，寶寶可能會喜歡上一顆一顆撿米飯的感覺。

「如果我們吃的是米飯，我就會加一點醬汁進去讓飯粒變得濃稠一點，再用湯匙把飯舀好，放在米奇面前，這樣他就能自己吃了。他吃得非常凌亂，但是真的很愛吃呢。」

羅西，兩歲大威利以及十一個月大米奇的媽媽

肉類

學吃固體食物之後，寶寶通常從一開始就很喜歡在肉上吸吸啃啃。所以給他一大條或是帶骨可抓握的肉最好。羊肉（羊排）、牛肉和豬肉（牛排、豬肋排）都需要煮熟，讓肉質變得非常軟嫩（燉煮或慢煮都好，用火烤，肉質比較有嚼勁）。在家自製的小肉餅或漢堡肉，寶寶處理起來都很容易，在經過最初的幾個禮拜後，寶寶就可以用手抓起滿把的碎肉了。如果你給寶寶吃香腸，上面的腸衣要先拿掉。

雞肉也是寶寶很容易處理的。雞胸肉撕成條狀，最好沿著紋理順撕，不要斷面切，這樣才能成為一條。雞腿肉比較多汁，也比胸肉扎實，雞翅腿小手拿起來非常理想。給寶寶之前，請別忘記先把所有的碎骨和鬆動的軟骨頭拿掉。

麵包

大多數的寶寶都會發現，麵包烤過最容易處理——軟的白麵包尤其容易黏在寶寶嘴巴中的上部。扁平的麵包，像是口袋麵包、捲餅皮（tortilla wraps）、印度麥餅（chapattis），都比一般「平常的」麵包好處理。吐司和麵包也可以切成手指形、長條狀或是小三角狀。

其他食物

在最初的幾個禮拜，許多其他有營養的食物都可以簡單的做調整，讓寶寶也適合吃——只要你認為寶寶能夠處理的，就可以給他。自家製作的魚餅、肉丸子、肉餅都能做成容易處理及抓握的形狀。而硬質地的乳酪，如切達乳酪則可以切成長棒形。當寶寶進步之後，可以給他各種不同形狀、大小和材質的食物，但是在他學習期間的用餐時刻，別忘記也要準備一些他容易處理的形狀。

流質食物

流質的食物稍微調整一下，寶寶就能處理了。濃湯和粥品是最容易加稠的，湯裡可以放米飯、小塊的麵包或是小的義大利造型麵，讓寶寶可以用手撈起來。麵包或是餃子可以用湯或燉菜的形式來提供，而涼的滑順濃湯（和優格）則可以直接從耳壺或杯子「喝」。

大約從八個月大起，寶寶就能用沾棒，像是麵包棒或是胡蘿蔔棒，來處理流質或是軟爛的食物了。切成一根根的芹菜作為沾棒挖取沾醬時特別好用。你也可以事先用湯匙把食物舀好，作為另外一種替代的方式。

飲料

　　寶寶加入大家的用餐行列後，只要他坐下來準備吃飯，就用小杯子（大約 30 ～ 40 cc）幫他倒一杯自己的水是個不錯的想法。一開始，他或許只想拿來玩，但是一旦有需要，他就會讓你知道了。必要的話，你可以幫他把杯子穩穩拿住，協助他。

買一張嬰兒餐椅

　　最有用的餐椅就是可以直接緊貼餐桌，讓寶寶在全家用餐時也能覺得自己是其中一員的椅子。這類椅子許多還能進行調整，讓寶寶長大之後也能使用，這是一項好的長期投資。如果你選購了附有托盤的樣式，務必確定托盤夠寬，位置能夠調整，這樣寶寶才能舒舒服服的接觸食物（很多餐椅都是給學步期幼兒使用的，托盤的位置是固定不能動的）。足踏位置如果可以調整，寶寶會更穩定，有安全感。

　　你或許也要考慮餐椅是否容易清理的問題。簡單的木製或是塑膠製餐椅比附有許多鋪墊的容易清理——如果餐椅附托盤，一定要確定托盤可以拆除下來，在水槽裡進行清洗。

信任寶寶的胃口

　　寶寶可以決定自己需要吃多少東西，只是他們的胃口天天在變。有幾天，寶寶可能大吃大喝，而另外幾天只是意思意思吃一點點，或根本不吃固體食物。這些情形都非常正常，只要寶寶健康情

形不錯，而你也提供了各種健康的食物給他，在他想要的時候隨時喝得到奶水，那麼他的營養狀況就會很好。

當寶寶開始有目的地吃東西後，如果他拒絕了食物，那麼就可能是在長牙、感冒不舒服，或是單純的心情難過（例如，媽媽返回職場後的前幾天）。有些寶寶（幼兒也一樣）會經常有幾餐吃很多餐，而接下來的幾天，卻都吃得非常少──這樣的模式很正常。

寶寶不想吃，就不要催促他多吃，這一點很重要。如果你從小就被教導相信「碗要吃得乾乾淨淨」，那麼每次只給他少量的東西（不過想多要的話，還能補充），可以幫助你對抗誘惑，不去勸說他多吃。寶寶是唯一一個知道自己得吃多少才夠的人。

「當喬許年紀大一點後，要記住別為了食物和他爭吵比較困難。我得好好記住，不能倚強凌弱，也要提醒自己，他自律性很好，而且只吃他自己想吃的量，勸他多吃是徒勞無功的。」

蘇，三歲大喬許的媽媽

知道寶寶吃完了

寶寶自有妙法讓父母知道他吃完了，而你也會很快就學會如何去解析寶寶的訊號。寶寶可能流露出無聊的樣子、開始玩起自己

的圍兜、把很多食物壓扁，或開始在椅子上扭動不安，想下地來。讓食物掉落是個很有用的訊息；年紀幼小的寶寶可能會把食物意外掉落，但是當他們故意做出這種行為時（通常在九個月或十個月大時），就意味著他們對這一餐失去了興趣。有些寶寶只是把食物從面前推開，有些或許還會在托盤或餐桌上做出掃掉的動作。如果你不確定寶寶正在告訴你的訊息是什麼意思，那麼多給他一些食物（或許是口味不同的），看看他如何反應。

「用餐時，梅寶的溝通方式真是有效率得令人感到不可思議。現在，當她吃完某種食物後，她會把它交給我，然後搖搖頭。她只會在我們都沒好好聽她講話時，才會開始讓東西掉下去。昨天，她吃了一些不想吃的法拉非（falafel）後，就把東西交給我，然後搖了頭。

不過她老爸沒注意到這一點，看到她盤子上的法拉非沒有了，就幫她添了一些上去。她看到後就直接把東西丟到地板上，這完全能夠理解。」

蕊依，一歲大梅寶的媽媽

出門時的點心和食物

一般來說，至少在寶寶九個月之前，他在兩餐之間的「點心」都還應該是一次餵奶。當他對其他食物真正產生胃口之前（一歲之前，甚至一歲之後都還不會太好），你出門的時候，身邊一定要準備健康的點心，意思是，在寶
寶肚子餓的空檔，你可以不用去買高度加工過的食物或甜點。

點心在寶寶的餐食上，是很重要的一部分，所以請把點心當成一頓「迷你餐點」來看，而不是「額外的」食物。如果點心營養價值不錯，那麼是不是會「壞了寶寶下一頓飯的胃口」，其實沒有關係。小孩子就應該要少量多餐。

簡單的點心點子

點心其實只是你隨時可以迅速又方便提供給你家孩子的食物。健康的烘焙點心，像是自家製的杯子蛋糕、司康麵包和鬆餅都很理想，可以一次多準備一些。不過適合作為完美點心的食物還很多，你家裡可能早就有了：

🍓 水果，整顆或切片給

- 一把乾的麥片（低糖低鹽類）

- 燕麥蛋糕、米香餅乾、吐司或麵包，上面抹上塗醬

- 一塊乳酪

- 煮過的肉切成條狀或是雞翅腿

- 煮過、沒吃完的蔬菜（例如玉米筍、秋葵、豌豆，或胡蘿蔔、櫛瓜切成長棒形或厚扇形）

- 沒吃完的義大利煎蛋餅費塔塔（frittata）、自家製披薩或是一些冷的義大利麵菜餚

採取寶寶主導式離乳法時可以預期的事

雖說，當寶寶開始吃固體食物時，有些事無論如何都不會改變，但是採取 BLW 之後，事情的許多方面都和傳統的離乳法差異極大。以下就是前幾個月中，可以預期會發生的事。

凌亂！

採用 BLW 一開始的確會亂成一團，這一點是無可否認的——但是這凌亂期往往很短暫。用餐時間，記得在寶寶的椅子底下鋪上一塊乾淨的塑膠墊子，這樣不但能保護地板，還能讓掉下去的食物

被安全的交回寶寶手上。

當寶寶還在處理食物的時候，盡量忍住，不要去擦他的手或臉，以免讓他感到不快，也干擾到他的注意力和樂趣。留著飯後洗澡時間再好好清洗肯定是個好主意。

如果你們是在別人家中用餐，可以把防濺墊帶著，也可以隨身攜帶舊報紙。你還可以帶一些非流質的食物給寶寶，這樣即使吃起來可能一片凌亂，但至少他還有東西可以當餐點吃。

整體來說，讓寶寶能盡情地探索食物，盡量讓他學習並享受吃的樂趣──就算讓他搞得一團亂也要在所不惜。

用餐時間變長

要讓寶寶有充裕的時間學習新的技巧，並發現食物的種種細節。初期，咀嚼會是個進度很慢的程序，但是學習如何有效地咀嚼對良好的消化、並減少噎到的機會來說很重要。催促寶寶快吃──或嘗試「幫助」他──都會讓他分心，可能讓他的進展延後。

糞便的變化

寶寶開始吃固體食物後，糞便就會產生變化。事實上，在早期要知道寶寶是否真的將食物吞嚥下肚，最好的方式就是檢查他的尿布。如果他吃下了東西，糞便就會含有一些「塊狀」。有些看起來就和吃進去時幾乎一模一樣。這種情況很正常，反應了他的咀嚼技巧正在發展之中。在接下來的幾個月，當寶寶開始吃下更多食物，並且以較為有效的方式進行咀嚼時，你就會注意到，糞便的顏色開始變黑、有味道，也變得比較硬了。

「菲利浦很喜歡煮過的甜菜根（不加醋的），吃得很多。但是甜菜根直接通過他的腸胃，讓他的糞便變成暗紅色或紫色。」

湯姆，二歲大菲利浦的爸爸

挫折感

有些時候，寶寶會對食物產生挫折感。這和他們有時會對新玩具產生挫折感類似；挫折感的起因不是因為寶寶試圖要送食物進入嘴中的需求（而無法吃到），而是因為技巧發展的進度太慢，比他想要的慢，所以寶寶感到不耐煩。因此，沒有必要改用湯匙來把食物餵進他嘴中；當他被允許自己去想辦法解決後，挫折感自然就不會持續太久。

無論如何，在你認定寶寶 只是稍有挫折時，請檢查下列幾件事：

🌱 寶寶累了，或是餓了嗎？寶寶的餵食以及睡眠型態會在沒有預警的情況之下改變，所以昨天如此，今天未必一樣。

🌱 他舒服嗎？可以輕鬆的碰到食物嗎？寶寶的背部可能需要多一點點支撐才能往前傾。

🌱 食物的大小和形狀是否適合他抓取？又或者，如果他年齡比較大，正覺得某種新技巧蠻困難的（例如，拿起豆子）時候，旁邊是否有可以輕鬆處理的食物，而不是只有處理起來麻煩的？

🌱 他是否比較喜歡坐在你膝蓋上吃飯，讓你幫他培養一點信心？

食物上的選擇

　　寶寶和幼兒有時候會只想吃某種特定的食物，而且一次會持續好幾天。這些無法預期的食物「癖」是相當正常的現象。請繼續提供寶寶各種健康的餐食，並讓他從中選擇想吃的——即使當天他的飲食似乎特別不均衡也沒關係，這種情況從一個禮拜左右的食物單上來看，或許就均衡了呢。

BLW 的基本作法

- 在寶寶不累也不餓的時候提供他食物。
- 容許寶寶探索食物，拿食物來玩。
- 從容易拿起來的食物著手——最好和你正在吃的食物一樣。
- 以一個禮拜為單位，提供他各種不同的食物，口味、口感都要不同，不要給他沒營養的食物。
- 開始的前幾個月，不要期待他會吃很多。他對固體食物的胃口可能會在九個月到一歲之間才開始增加。
- 持續餵他母乳或嬰兒配方奶。要有心理準備，寶寶喝奶的形態會在他開始吃下更多固體食物後才會逐漸以非常緩慢的速度改變。
- 寶寶在抓取食物時，不要催促他，或讓他分心，也別勸他違背心意多吃。
- 寶寶用餐時，請給他水，以免他口渴。

用餐時注意安全

- 寶寶吃東西時，一定要坐直，不可以往後靠，或彎腰駝背。
- 不要讓寶寶有機會接觸整顆的核果。
- 提供寶寶體積大一點的水果，像是蘋果，整顆或是切片都好；把小的水果，像是葡萄或櫻桃對半切，去籽。
- 香腸的腸衣要去掉，肉和魚肉中的軟骨和小骨小刺要去掉。
- 除了寶寶自己，別讓任何人把食物放進他嘴裡——包括要熱心「幫助」他的小哥哥和小姐姐。
- 要對所有幫忙照顧寶寶的人說明 BLW 運作的方式。
- 絕對不可以讓寶寶獨自一個人吃東西！

寶寶拒絕某一種食物並不代表他不喜歡。或許是當時他不想，或是不需要那種食物。如果該種食物是你們常吃的食物，那麼繼續提供給寶寶吃吃看吧——或許他在幾天之內就會改變主意。

發出作嘔聲

寶寶開始自己吃固體食物後，如果偶而發出作嘔聲，不要大驚小怪。這是很正常的事，和噎到不同——這只是把還需要多咀嚼一下的食物往前推的一種方式。某些寶寶在發出作嘔聲後，就會小吐一下。這樣看起來雖然讓人有些不安，但是似乎不會對寶寶造成困擾——當寶寶學會更有效的控制口中的食物，這種情況就會愈來愈少發生。

當寶寶開始發出作嘔聲，一定要確定他上半身是坐直、或是稍微往前傾的，這樣他試圖移動的食物才能往前從嘴裡掉出來，而不會往後卡進喉嚨。拍背對他沒什麼幫助（可能還更容易讓他噎到），所以當他在處理時，請努力讓你自己保持冷靜，在他把問題解決之後，給他一個微笑。

「每此艾咪發出作嘔聲時，我都幾乎要跳起來，把她翻過身，但是在我習慣了多給她幾秒的時間處理後，她都能好好處理，而且在我恢復過來之前，就把下一口食物處理一半了。」

愛蜜莉，六個月大艾咪的媽媽

逐漸進步

　　每個寶寶都不一樣，而 BLW 能讓每一個寶寶都以自己獨特的步調來發展進食技巧，不用經過涇渭分明的「階段」。

　　和寶寶學習的所有新技巧一樣，寶寶可能會前進兩步、倒退一步。例如，她可能在用過兩個禮拜的餐具後，卻退回去用手指抓個一至兩個月。這些都屬正常現象。事實上，當寶寶在採用 BLW 慢慢進步時，他在用餐時愈來愈好的完成能力，往往會讓你驚喜萬分。

第4章

該給寶寶吃什麼？

　　BLW 講的就是如何與寶寶分享健康的家常料理；對你好的食物，大多數對寶寶也是好的。所以，只要你提供給寶寶種類多樣又均衡的食物，而且食物採取新鮮健康的食材烹製而成，避開一些寶寶不應該吃的食物，就錯不了了，而你家寶寶也會因此養成對營養餐飲的好品味，在他年齡漸長之後，在選擇食物時做出聰明的選擇。

健康的餐食

　　所謂全家的健康餐食就是能以適當的比例，提供每人所需的全部營養，並給大家帶來精力充足的餐食。在寶寶剛開始吃固體食物的前幾個月，不必擔心食物種類分配是否均衡的問題，因為寶寶還處在探索食物的階段，這時候，所餵食的乳汁（母奶或嬰兒配方奶）仍然是他所需全部營養的來源。而且，除非家族中有過敏情況，否則給孩子吃固體食物時不必從一次一種（如同以前家長一直被告知要如此）開始，因為到了六個月左右，寶寶的消化以及免疫系統已經能處理種類相當廣泛的食物了。如果你的寶寶和你一起共享健康的餐飲，那麼當他們需要額外的營養時，隨時都能攝取。

　　食物有四大群組：蔬菜水果類、澱粉類、蛋白質類以及鈣質類，

外加第五個小的食物群組，脂肪類。成人（以及較大兒童）設定的目標應該是要豐富的澱粉類食物、少量蛋白、鈣質豐富的食物，以及少量的脂肪。寶寶所需則有些微差異，不過「每日五分」蔬果、以及每週至少吃兩次魚的原則，對寶寶和大人來說，都是一分優質的指南。

食物群

蔬菜水果提供重要的維生素與礦物質。盡可能提供不同顏色的蔬菜水果，因為裡面所含的營養都不一樣。

澱粉類食物提供熱量，許多還含有蛋白質，以及某些重要的維生素與礦物質。例如，小麥、米、燕麥和其他穀類（以及由這些材料製作出來的食物，像是麵包和麵條），以及含澱粉的蔬菜，如馬鈴薯和芋頭。

蛋白質類食物含豐富的蛋白質，對生長發育非常重要。肉類、魚、蛋和乳酪之中都充滿了蛋白質，對寶寶來說，是非常優質的食物。豆腐和藜麥是植物中蛋白質最豐富的來源，而豆類（如四季豆、鷹嘴豆和扁豆）以及核果中，蛋白質含量也很高。

鈣質類食物含豐富的鈣質，這類食物包括了乳製食品，如牛奶、乳酪和優格、豆腐、芝麻、鷹嘴豆泥、杏仁、和帶可吃軟骨的罐裝魚，如沙丁魚。

脂肪提供的熱量是以濃縮形式存在的。有些脂肪對於腦部的健康運作與發育相當重要。魚類（特別是油脂多的魚）、酪梨、核果

和種籽含量都挺高的。肉類、蛋和乳製品中也含有豐富的脂肪。成年人不應該吃太多飽和性脂肪（主要是動物性油脂、或是被氫化處理過的油，例如，某些人造植物性奶油之中就有，市售的派、餅乾和蛋糕一般都會使用）。

「凱利八、九個月大時就很喜歡深綠色的蔬菜，像是抱子甘藍——事實上，只要含有大量維生素 C 的，他似乎都會先伸手去拿。」

琳達，十六個月大凱利的媽媽

寶寶的額外需求

和成年人相比，寶寶和幼兒需要較多的脂肪。母乳和嬰兒配方奶中含有大量的營養，但隨著寶寶攝取乳量的減少（通常從九個月之後），他們就需要從其他飲食來源取得脂肪和鈣，才能健康的成長發育。所以，雖然低脂的飲食對家長和兄姐來說很好，但不倚靠乳汁為主食的二歲以下嬰幼兒還是應該吃全脂的乳製品（牛奶、優格、奶油和乳酪），以確保所需的營養和熱量都能攝取得到。軟骨可食的多油脂魚類是優質的脂肪和鈣質來源，核果醬、杏仁和芝麻中也都是。

鐵和鋅是寶寶除了母乳中提供的營養素外，首先需要的營養。

大部分的寶寶在出生後，體內都儲存了足以維持六個月之用的這類礦物質，但是若早些能從食物中獲取也是一件好事，這樣寶寶一旦有需要就能自行攝取了。大多數含豐富鐵質的食物，也是良好的鋅來源，像是慢火燉煮的肉類（尤其是牛肉），魚肉和蛋也有豐富的含量。豆腐、豆類以及深綠色葉菜中都含有相當高的鐵和鋅，雖然不如從動物來源中的容易被吸收。市售產品，如麵包、小麥麵粉和許多早餐麥片中也都強化了鐵質。在吃含有豐富鐵質食物的同時若能一起吃含有維生素 C 的食物（大多數蔬菜水果中都有），就能將鐵質的吸收最大化，就算只是擠一點檸檬汁加入，效果也不相同（請參見「素食寶寶的飲食建議」）。

寶寶大約八、九個月以後，吃的食物愈來愈多，喝的奶水則開始減少，請確定每天提供給他的食物當中，確實包括主要類群中的食物，再加上他所喝的乳汁，營養範圍就很好。如果他不是每一類群都選取，也不要擔心，如果你允許他自行選擇，以幾天為週期，他就會把自己的飲食均衡過來。

種類豐富的重要性

想要給寶寶各種優質營養，每週的飲食範圍一定大，種類齊全有變化。食物的種類變化多，就能提供不同口味與口感的食物讓寶寶學習處理，而食物本身的色彩愈是多采多姿，所含維生素與礦物質的範圍就可能更多。

最好可以檢查一下你自己的飲食，看看你是否一直在購買相同的食物（無論多健康都一樣），日復一日，週週不變。如果你的確

如此，那麼請嘗試買新的食物看看，就算選購和平時不同部位的肉，或是不同類型的麵包，其中的營養成分都可能不同。把以小麥為主食的餐食改成其他穀物，像是燕麥或小米，偶而添加更多其他的維生素和礦物質，改變一下購買的蔬菜水果種類，把新鮮香草也包含進去，這樣對於擴大全家人的營養範圍都有幫助，採取計畫菜單對於這一點會有幫助。

「因為夏洛德跟我們一起吃飯，所以她吃過、也愛上了咖哩、辣椒、日式、義大利式、加勒比海式以及泰式的料理——事實上，食物的風味愈強烈，她愈喜愛。有三項食物則是她非常厭惡的，那就是香蕉、胡蘿蔔和乳酪。我們在用餐時不會爭執，用餐時間充滿了樂趣——外出用餐更是棒極了。」

莎蔓珊，一歲大夏洛德的媽媽

鹽——最應避免的食物

雖說寶寶可以分享你大多數的食物，但是有些對寶寶不好的成分，你還是得注意。這些成分在下面章節中將會進行討論，而我們就從最重要的一種——鹽，開始。

鹽

寶寶的腎臟發育還不成熟，無法處理太多鹽分，鹽可能會讓他們生重病，所以盡可能不要吃鹽。太早就吃高鹽分飲食，日後很可能會讓寶寶容易有高血壓的傾向。

提供給寶寶的食物中，全都不應該加鹽。如果你在家烹飪時習慣加鹽，或許可以找一些使用檸檬、香草和辛香料入菜的料理來做，以滿足你對風味「濃郁」的需求，或者你也可以自行在桌上加鹽。

話說回來，要在全部自行烹煮的料理中去鹽，相對上是容易的，因為我們所吃的大部分（百分之八十）鹽都是「隱藏」的，鹽被加在加工食物之中作為風味增添劑或防腐劑，所以當你買食物時，知道自己買的是什麼非常重要。最糟糕的代罪羔羊要算是市售的醬汁、肉湯和醬料、罐頭食品以及熟肉。

仔細檢查食品標籤可以幫助你從中選擇比較健康的產品，有些品牌的麵包、可頌和甜點（尤其是在店內烘焙或是在咖啡館和餐廳販賣的）外表看起來雖然和其他的沒兩樣，但是所含的鹽分則要高多了。即使是瓶裝水，有些都還含有極高的鹽分。烤豆子、乳酪和火腿中的鹽

英國食品標準局建議之每日鹽分（鈉）攝取限制量

兒童年齡	每日攝取限制量	相當於多少鈉
6 - 12 個月	少於 1 公克	0.4 公克（400 毫克）
1 - 2 歲	2 公克	0.8 公克（800 毫克）

（註：成人每日的鹽分攝取限制量為 6 公克。）

分，依照品牌的不同，差異性也極大。一旦找出哪一個品牌含鹽量最低，你下次就可以選購相同的牌子，這樣就不必每次購物時都得研究標示了。

不過，標示還是可能令人相當困惑的，因為依照規定，製造商必須標示的是食物中的含「鈉」量，而不是多少克鹽。這樣可能會讓產品實際的含鹽量看起來比標示低（鈉的比例要乘以 2.5 才是鹽的分量）。下頁的資訊可幫助你了解，就鹽分來說，哪些食物對寶寶來說是好的，哪些是壞的，而表格中列出的則是嬰幼兒每日的鹽分攝取限制量。

每 100 公克的食物中若含 0.5 公克以上的鹽，就被認為是非常鹹，所以寶寶根本不應該吃，或者只能控制在最低的量。有些食物每 100 公克的鹽分高達 4 公克，或甚至更高。這樣的食物就算只吃一小口也會超過寶寶鹽分的每日攝取限制量。給寶寶的鹽分很輕易就會超過他們應該攝取的量，所以這一點值得你花時間去好好檢視。

含鹽的食物一覽表

以下的食物相當鹹，但是寶寶少量偶一攝取倒是沒關係。提供下列食物給寶寶時，每日不要超過一種。

🌸 高鹽／高糖的早餐麥片（選擇你在市面上能找到含量最低的）

🌸 硬乳酪，如切達，以及加工處理過的種類，如埃德姆乳酪（Edam）

🌸 香腸，尤其是義大利辣味香腸（pepperoni）、西班牙臘腸（chorizo）、義大利臘腸（salami-type sausages）

🌸 火腿和培根肉

🌸 煙燻魚或鹽漬魚，像是冷燻醃鯡魚和鰻魚

🌸 鹽水浸泡保存的食物，如鮪魚和橄欖（請以油或清水浸泡的取代）

🌸 烤豆子（選擇低鹽、低糖的種類，有機產品最佳）

🌸 酵母萃取（即馬麥醬）

🌸 即烤披薩

🌸 店內烘焙的產品，如拖鞋麵包（ciabatta）、糕餅、起司棒

以下所列的食物非常鹹，不適合寶寶。

☙ 洋芋片、墨西哥玉米脆餅、以及其他鹹的點心

☙ 做好的鹹派

☙ 許多市售熟食

☙ 大部分外帶的食物以及「速食」，像是漢堡、披薩等等

☙ 市售的淋麵醬或咖哩

☙ 市售的濃汁、和高湯，包括粉和湯塊（選擇低鹽版）

☙ 罐頭或是包裝（乾燥）的湯

☙ 加工的乳酪食品，像是 Dunkers 和起司條

均衡鹽分

　　當你在計畫餐食時，最好記住寶寶有可能會吃到的鹹食分量。只吃含有火腿、乳酪和鹹麵包當做一餐當然會讓寶寶的腎臟負擔很重，但是如果是大量蔬菜水果旁少量的火腿卻不至於造成什麼傷害。如果你們在餐廳或是親戚家吃飯，而食物中含有大量的鹽，請務必確定，盡可能給寶寶最營養的部分，而且是濃汁或醬汁最少的。如果寶寶吃了非常鹹的東西，請務必讓他依照需求盡量多喝水（或母乳），用餐之中或是餐後都可以，也請確定當日他的其他餐食鹽分都是低的。

「對於泰德，我們所做的事情真的沒麼不同。最初一輪，我們必須習慣無鹽的食物，但是現在習慣了之後，我們所吃的食物沒什麼是不能讓他吃的——連想都不必去想。我們吃的是健康的食物，而他吃的是我們所吃的食物。」

蕾亞，兩歲大傑克和十個月大泰德的媽媽

其他要避免的食物

還有幾種食物是除了鹽之外，也不應該被提供的。這些食物，有些會讓寶寶有食物中毒或發生感染的風險，像是生吃的貝類或是沒有煮熟的蛋，有些則會造成傷害，像是蛀牙，而其他的只是沒含足夠的營養素而已。

糖

糖只能提供「空的卡洛里」，本身不含任何基本的營養素，還會引起蛀牙。如果你在孩子小的時候，餐食裡不給他含糖的東西，他長大以後，嗜好極甜食物的情況比較不會發生。孩子只會在你用餐經常給他甜點時，才會心存期待（如果這樣，他們很快就學會少吃主食，保留一點肚子給甜點）。有些專門以孩子為對象的食物，像是麥片或加味的優格，含糖量很高，成分表上每 5 克的糖，大約就是 1 茶匙的糖量了。蔗糖、葡萄糖、果糖都是糖的不同形式。

偶而給孩子一些含少量糖的菜餚倒沒關係，特別是那道菜如果營養不錯的話（舉例來說，烤蘋果酥餅、水果蛋糕）。乾燥或是新鮮的水果常常可以作為增甜劑，而完全不必用到糖。在甜點和蛋糕的食譜配方裡加入有甜味的香料，如肉桂，可以提高整體的甜味。

　　不要在食譜中使用人工增甜劑來取代真正的糖，或是去買含糖量低，但含有人工增甜劑（如阿斯巴甜 aspartame）的食物，這些人工增甜劑有健康上的風險，而且你的孩子也不會因此就停止對超甜食物的喜愛。

　　甜食中沒有什麼有用的營養素，而且會填飽寶寶的肚子，讓他無法多留些空間給有營養的食物。甜食中也很可能含有添加劑。

添加劑

　　添加劑，像是味精、以及合法的人工添加劑通常都是用作防腐劑、風味添加和增甜劑之用，應該盡量避免使用。這些成分非但沒有營養素，甚至還對人體有害（這正是這些成分無法添加在市售嬰兒食品中的原因）。官方研究顯示，以下成分，在甜食或甜點中經常可見的，可能與孩子的過動有關，所以應該要避免：食用黃色四號（或稱檸檬黃檸、酒石黃 Tartrazine、E102）、奎咻黃（Quinoline yellow、E104）、食用黃色五號（或稱日落黃，E110）、藍光酸性紅（或稱淡紅、偶氮玉紅 Carmoisine、E122，註：在台灣不被允許使用）、胭脂紅（Ponceau 4R、E124）、食用紅色四十號（或稱誘惑紅、Allura red、E129）以及防腐劑苯甲酸鈉（Sodium benzoate、E211）。

即食以及垃圾食品

即食餐食，甚至是標榜「低脂」的食物以及垃圾食物，如廉價的漢堡、披薩和派，對寶寶來說是完全不適合的。一般來說，這些食物都經過高度加工，含有大量的鹽、糖、人工添加劑以及氫化脂肪（或稱氫化植物油、氫化棕櫚油 hydrogenated fats），營養價值很低。

蜂蜜

一歲以下的寶寶不應該吃蜂蜜，因為蜂蜜中可能含有「肉毒桿菌」感染源。

某些種類的魚

鯊魚、旗魚、和馬林魚（青槍魚）都應該避免，因為這些魚肉中可能含有高濃度的汞，會對神經系統的發育造成影響。生的貝類肉導致食物中毒的風險也很高，要完全煮熟才安全。雖然油脂高的魚類（鮭魚、鱒魚、鯖魚、鯡魚、沙丁魚和新鮮的鮪魚）很營養，但是女孩子和適孕期的女性每週不應食用兩次以上，因為這類魚的體內可能會累積污染物（男孩、男性和年齡較長的女性一週可以吃到四分）。罐頭鮪魚中不含新鮮鮪魚或其他高油脂魚肉中的毒素，所以可以較常吃。

未熟蛋

　　蛋裡面經常含有沙門氏菌，小寶寶吃了可能會生重病，充分煮熟可以殺死這種細菌。煮熟的蛋黃是硬的，這樣的蛋就能當成寶寶餐食中的一部分。古老的諺語曾說嬰兒不要吃蛋白，但是六個月以上的寶寶就沒關係了，因為這個年紀以上的寶寶承受蛋白質的能力提高了。美乃滋、標試著「自家製」冰淇淋以及一些甜食，像是巧克力慕絲或提拉米蘇蛋糕等通常都含有生蛋，所以不應該拿給寶寶吃。

全麩與高纖食品

　　全麩與高纖麥片（如全麩即某些原味燕麥）可能會干擾鐵質和某些基本營養素的吸收，所以對寶寶而言是不好的。這些食物也容易產生飽足感，但是缺乏足夠的熱量和營養。如果你提供全穀的粥品給寶寶（像是糙米和麵條），一定要確定還有一些含纖維量較低的澱粉食物可供他選擇。

氫化脂肪

　　氫化脂肪，也稱為反式脂肪，被認為會干擾健康油脂的多種有益活動。許多加工食品裡都能見到蹤跡，像是餅乾、派、洋芋片、即食餐包，有些乳瑪琳和豬油裡面也有添加。大多數的健康食品裡是不含的。

要避免的飲品

　　寶寶真正需要的飲料只有水和母乳（既能當解渴飲料，也能作為食物）。其他的飲料則會充填寶寶的肚子，讓他沒有空間可以去攝取更多有營養的食物或奶水。

　　有咖啡因的飲品，像是咖啡、茶和可樂，會讓寶寶焦躁易怒，茶也會干擾鐵質的吸收。碳酸飲料和水果味的飲料糖分很高又含酸（對牙齒不好），而且許多含有添加劑。純水果汁少量沒關係，不過，要以一比十的比例加水稀釋。

　　一歲以下的寶寶不該給他們牛奶作為飲品，因為牛奶會以不均衡的營養比例來填飽他們的小肚子。山羊奶、羊奶也一樣。不過，用這些乳品來料理或加入早餐麥片中倒是可以的，只是奶品要完全高溫殺菌，寶寶的年紀也要大於六個月才可食用。

　　雖說六個月以上的寶寶可以耐受的食物範圍比小寶寶大得多，但是如果你們家族有食物過敏病史，那麼在引介固體食物時小心一點準沒錯。會導致過敏問題的食物之間，要間隔三天的觀察期，這樣你才有時間看出反應（像是皮膚癢、起紅疹、腹瀉、嘔吐、肚子痛、嘴唇腫脹、眼睛酸痛或是咻咻喘氣）。盡可能把餵母乳的時間拉長可以降低引起過敏的風險，在引介新食物的時候，保護力尤佳。飲食種類變化多也是很重要的，這樣你的寶寶才不會偏食，某種食物吃得太多。如果你懷疑對某種食物過敏，或是有不耐症，請跟你的兒科醫師討論。

食物過敏

一般性致敏源

如果家族中有過敏史，以下的食物在初次引介給寶寶吃的時候可能要謹慎些。

- 牛奶（山羊奶、羊奶也一樣）
- 蛋
- 花生（不是真的核果，但與豆類有關）
- 小麥（以及其他還有麩質的穀物）
- 黃豆
- 魚
- 貝類（帶殼海鮮）
- 核果
- 種子類（尤其是芝麻）
- 柑橘類水果
- 番茄
- 草莓

「波麗是用湯匙餵養的，而且她會過敏，在吃食上一向有些挑剔。但是現在她看到自己的小妹妹吃很多新的東西，她也表示想試吃看看。愛薇正鼓勵自己在吃的方面做更大膽的嘗試。」

安妮莎，三歲大波麗和八個月大愛薇的媽媽

素食寶寶的飲食建議

如果你打算讓寶寶吃素食長大，那麼你一定要確定他來自非肉類來源的鐵質和蛋白質是充足的。魚（如果你吃的話）、蛋、豆腐、和豆類（如扁豆、黑豆、鷹嘴豆和豌豆）都是優質的蛋白質和鐵質來源。乾燥的水果，像是杏桃和無花果以及鐵質強化麥片（低糖低油）也是不錯的鐵質來源。維生素 C 可以幫助鐵質的吸收，所以食物中加入維生素 C 含量高的食物是個不錯的辦法，紅色莓果、番茄和柑橘類水果素食一般被認為重要油脂含量太低，維生素 B 群、鋅、鈣和某些胺基酸（以及鐵質）對寶寶來說是安全的，所以幾乎可以肯定是需要補充的。可以的話，母乳餵兩年可以確保寶寶有良好的營養，但是如果你想讓寶寶吃素食，我們建議你跟醫師及營養師談一談。

第5章

讓吃飯變得簡單

採用 BLW 餵寶寶吃飯很簡單，但是要安排全家用餐的時間對工作繁忙的父母親來說可能還是挺麻煩的。以下就是一些讓吃飯變得簡單些的辦法。

有寶寶時的分階段下廚法

就算你下廚經驗豐富，當你有了嬰幼兒，準備三餐還是可能遭遇一些新的挑戰，特別是當你還得回職場去上班時。寶寶的作息模式無法預期，大多數的寶寶在你一餐還沒煮好時就需要你的照顧了。所以你必須盡可能善用寶寶不在身邊的一些小時段，即使做不到也要花心思找出創意的方式來做事。

有些寶寶在爸媽煮飯時，可以短時間，開開心心的坐在墊子或是躺在毯子上，玩著旁邊的玩具，前提是他們要能看得見爸媽。大一點的寶寶可能坐在椅子上，前面放些小點心，看著你就行。善用背巾，將寶寶背在後面或側面，這樣寶寶可以安全舒適地依偎在你身上，遠離所有燒

燙的鍋子、烤箱門或是尖銳的刀具。大多數的寶寶用背巾背著的時候，都可以長時間不吵鬧，甚至可以睡著。

如果你的烹飪工作可以分階段料理，事先準備好，那麼要把飯菜端上餐桌就會容易些。舉例來說，你可以先把麵的醬料事先做好，或把蔬菜先洗剝好，一早就放入冰箱，這樣晚餐前切一切就可以下鍋。

「亞瑟很喜歡看我做飯。他會坐在他的餐椅上，手上拿著米香餅，我在做飯時會跟他說我在準備什麼，並把手中正在處理的東西拿給他看——他相當開心。」

卡蘿琳，十一個月大亞瑟的媽媽

 ## 大量料理並冷凍

一次大量料理或分批料理是一個省時（省錢）的好方法，尤其在你特別忙碌，或是休完產假回去上班之後，價值就更高了。很多菜餚和醬料都是可以冷凍的，解凍後完成一餐，或是半現成的材料。

有些家長會大量採購，花幾個小時進行大量的料理，然後分成小包冷凍。例如煮千層麵時，依照需要煮兩分，剩下的一半冷凍就

好。即使只是少量的準備與冷凍，像是把洋蔥切碎或是乳酪刨絲，都可以讓做菜時有所不同。

適合事先準備的食物

- 主菜，像是千層麵、肉丸子、餡餅、燉辣肉醬、燉菜和肉。

- 高湯、湯、醬汁，包括淋麵醬和自家製作的濃厚肉汁淋醬。

- 絞肉煮洋蔥（可作為牧羊人派之用）。

- 預先準備好的蔬菜（尤其是寶寶跟在身邊時，有點難切的菜，例如洋蔥）、水果和乳酪刨絲。

- 生的麵條、麵糰、麵包、某些蛋糕、鬆糕、司康小麵包、鬆餅。

- 多的一般備料，像是番茄泥和檸檬汁（用冰塊盒冷凍起來）。

冷凍自製食物的秘訣

- 烹煮過後的食物應該在室溫之中冷卻後，才能放入適合的密封容器，儘快送入冷凍庫冷凍。（註：夏天建議以風扇快速吹涼。）

- 冷凍之前可以先把食物分成小分或是個別包裝，方便迅速冷凍及解凍。醬汁可用做小鬆糕的錫杯或是優格的杯子裝，結成冰後就可以分類全部放入一個容器中儲存了。

🌱 食物冷凍時體積會變大，所以容器應該留三分之一的空間。

🌱 如果冷凍的東西不易辨識，可以在容器外面貼標籤，寫上內容物與冷凍日期。

🌱 冰箱應該要設成攝氏 -18 度或更低。如果你計畫一次要冷凍很多東西，冷凍庫溫度要設成攝氏 -23 度，至少在 24 小時前就設定好。

🌱 對大多數的自家製冷凍食品來說，最長的保存期間約在兩到三個月左右，以保持其營養、風味以及食物外表。

🌱 大多數的食物最後在冷藏庫中解凍，然後再加熱。

🌱 如果你用微波爐解凍，拿出來後馬上加熱。

🌱 解凍後的餐食應該要在離開冷凍庫 24 小時之內食用完畢。

🌱 解凍的食物必須徹底加熱。上菜之前，檢查加熱的食物中心是否熱到冒煙，如果是給你的寶寶吃，拿給他之前要先冷卻。

🌱 所有沒吃完的剩菜都應該丟掉，不要再次冷凍，或是再熱一次。

擬定餐食計畫

事先對餐食進行計畫可以讓用餐時間、購物，以及大量料理，

變得容易許多。這也是確定你提供給寶寶的食物口味與口感是否夠豐富的有效辦法。許多家庭都會在不知不覺中養成習慣，吃一些特別喜歡的菜色，事先計畫可以幫助你避免這種情況。

以兩週為一個段落，寫下主要餐食的大綱可以幫助你一窺主要材料是否營養均衡，也可以讓你看出是否日復一日吃同樣的餐食。如果你注意到某些食物的口感或口味有所遺漏，那麼你可以選擇一些新的食譜或材料來填補缺漏。

食物的安全

廚房可以變成細菌滋生的溫床，因而導致食物中毒，所以為了你和家人的安全，遵守一些基本的規則是很重要的。

養成良好的衛生習慣

處理食物之前、處理生食和熟食之間、接觸過垃圾桶、使用過清潔用品、幫寶寶換過尿布、摸過你家寵物、它們的床或是食碗之後，請用肥皂和溫水徹底洗手，然後擦乾。家裡面的所有人在吃東西之前都要先洗手，在把食物給你家寶寶之前，也請先幫他洗手。

廚房的表面在準備食物之前和之後都要清理乾淨。砧板和刀子用完之後應該要徹底洗乾淨，切生肉或魚之後尤其要特別注意。切生肉和魚的砧板要和其他分開，這樣可以避免滋生有害的細菌。

儲存及料理食物

容易腐敗的食物應該要放在冷藏室，溫度設在攝氏 1～5 度之間。放入溫的食物或是把冰箱門打開都會讓溫度升高，除非必要，否則不要打開冰箱門。生肉和魚應該要蓋好，放在盤子上或袋子裡（尤其是解凍的時候），放在最下層，以避免萬一流出的湯汁沾到或滴到其他食物上。

容易變質的食物要放在冷凍庫上層，不要放在冰箱門的架子上（因為那是整個冷凍庫冷度最差的地方）。

食物一定都要徹底煮熟，注意食譜中的烹煮時間和溫度。需要特別準備的食物，像是某些乾豆子，並考慮購買冷藏室和肉類專用的溫度計。

剩菜要先放涼，然後儘快放入冰箱，特別是裡面有肉類、雞肉、魚、海鮮、蛋和米飯的菜。沒有要立刻吃完的米飯應該要先放涼，可以隔水冷卻，然後立刻放入冰箱裡。這是因為有些細菌在室溫之下，特別容易在米飯（或其他穀物）中滋生，讓米飯產生毒素，這些細菌即使食物被重新徹底加熱，也不會被殺死。所有的剩菜應該都放在冷藏室的上層，兩天之內吃完。

最後，請遵循食物包裝袋上給予的儲存指示，經常檢查有效期，過期的食物不要給寶寶吃。

Part 2

離乳食譜

食譜中包含許多寶寶主導式離乳法喜歡採用的菜餚。這些製作簡單、美味又營養的菜餚，可以提供廣泛的食物口味與口感，方便寶寶探索，也希望全家人都喜歡。

不要害怕拿食譜來進行實驗──這些食譜並非一成不變的。大多數的菜色製作都相當容易，材料或分量甚至作法都可以經常變化並修改。我們提供了建議，但是真正的製作拿捏在你的手裡，希望你喜歡而且開始動手做！

開始製作

 關於食材

- 盡量使用「新鮮食材」，愈新鮮愈好。可以的話，盡量找當季的、當地種植生產的有機食材，滋味更好。如果是有機食材，你就可以確定寶寶不會接觸到食物生產時常會使用的農藥了。

- 當食譜中提到「牛奶」時，除非另外說明，否則指的是全脂牛奶。食譜中的牛奶大多能以其他動物的奶水來取代，米漿或豆漿也可以，但不保證全部適用。

- 「麵粉」除非另外有說明，否則指的是小麥麵粉。一般來說，六個月以上的寶寶吃小麥應該是安全的，但是家族中如果有不耐症，就應該盡量避免。斯佩爾特麵粉（Spelt flour）是由特殊品種的小麥製成，比一般小麥容易消化。你也可能愛用無麩質粉，像是蕎麥粉（除了有個麥字外，其實不是小麥）、米粉、玉米粉、馬鈴薯粉（或日本太白粉）等。無麩質粉用於一般料理沒問題，但是口感上稍有差異，若食譜中會用到酵母粉發酵則不適合選用無麩質粉。

- 盡量使用「無鹽奶油」，因為對寶寶來說無鹽奶油比含鹽的好。如果你不願使用乳製品，那麼可以用一般的油或是植物油製成的乳瑪琳（不含氫化脂肪或是反式脂肪的）。

當食譜中只提說使用「乳酪」，任何硬式的乳酪都可以使用，例如切達乳酪、英格蘭紅萊斯特乳酪（Red Leicester）、美國蒙特利傑克乳酪（Monterey Jack）、埃曼塔爾乾乳酪（Emmenthal）或是瑞士司布利茲硬乳酪（Sbrinz）。這些乳酪都可以使用在乳酪要刨絲、融化的食譜裡。不會融化的乳酪，像是希臘哈羅米乳酪（Halloumi）、希臘菲達羊奶鹹乳酪（Feta）、印度奶酪（Paneer）以及瑞可達乳酪（Ricotta）就不適用。

當食譜中提到使用「奶油乳酪」（Cream Cheese）時，指的是新鮮的白色軟式乳酪，像是義大利的馬斯卡波尼乳酪（Mascarpone）或是費城乳酪（Philadelphia），而不是塗抹用乳酪，例如戴酪利亞乳酪塗醬（Dairylea）。

食譜中「義大利麵和麵條」的重量是乾的重量，而不是新鮮麵條的重量（會更重）。大部分的義大利麵都是小麥製作而成，新鮮的義大利麵通常含蛋，如果你不想吃這類食物，就必須選用替代品，例如米製的麵，或是玉米麵。

乾燥的「香草料」味道通常比新鮮的更濃郁，一般來說，1 茶匙乾燥的香草料相當於 3 茶匙（1 湯匙）新鮮香草料的分量。想要輕鬆切碎新鮮的香草料，可以使用一把尖銳的剪刀，把香草料剪進碗或杯子裡。

「薑」指的是薑的塊根。如果薑很厚實，用量可少於食譜的分量。

「檸檬」、「萊姆」或是「橙皮」採用從最外層剝下來的果皮，將有顏色的部份刨絲，因為外皮下層的白色部分很苦。

🌱 當食譜提到「麵包屑」時，除非特別指名要新鮮麵包屑，否則就是硬掉、乾燥的麵包屑。自製麵包屑時，把放比較久的硬麵包磨碎（必要的話，先在烤箱裡面烤乾）。

🌱 新鮮和乾燥的「辣椒」（片或粉）辣度不一，所以一開始用時，先少量使用，直到你找出寶寶喜歡的食物辣度。新鮮辣椒的「辣度」可能會持續好幾個小時，所以在你手上的辣椒被徹底洗乾淨之前，小心不要碰到寶寶的手、眼睛、鼻子、嘴或是幫他換尿布。

🌱 食譜中提到使用罐裝「豆子」（例如，鷹嘴豆或是紅芸豆，是俗稱的大紅豆）時，可以用乾品代替，但是要事先泡水或先煮過（參見右頁表）。雖說在大多數的菜色中，你可以使用不同種類的豆子，但是，食譜中的料理時間可能要修改。

如果你要用大紅豆或是黃豆，那麼必須小心一點，這類豆子如果事先浸泡或是烹煮的時間不夠，可能有害（罐頭中的打開就可食用了）。扁豆、豌豆、眉豆（或稱米豆）以及綠豆則不需事先浸泡或預煮。

（註：歐洲防風草口感類似台灣產白蘿蔔，食譜中以白蘿蔔取代。）

各種豆類的浸泡及煮食時間

	預先浸泡時間	預煮時間	煮軟所需時間
鷹嘴豆、花豆（蔓越莓豆）、白芸豆（白鳳豆）、白腰豆、黑豆、蠶豆、笛豆、皇帝豆、斑豆、赤小豆（紅豆）	最多 12 個鐘頭	不需要預煮，但是如果用滾水煮 10 分鐘，可以減少煮軟時間	最多 1 個鐘頭
紅芸豆（大紅豆、紅腰豆）	最多 12 個鐘頭	10 分鐘，滾水快煮	45 ～ 60 分鐘
黃豆	最多 12 個鐘頭	1 個小時，滾水快煮	2 ～ 3 小時

· **預先浸泡**：把乾豆子放進大的平底鍋或是碗裡，倒入足以淹過豆子的足夠冷水，蓋上蓋子，浸泡所需的時間。時間到了之後把水濾乾，洗淨。

· **預煮**：把預先浸泡好的豆子放入平底鍋，鍋中加冷水，煮到沸騰，然後快煮（不要小火燜煮），煮到所需的時間。把水濾乾，洗淨。

料理工具

烤箱

　　食譜中提供的料理說明用的是標準的爐子或烤箱，不過，有些食譜也有以微波爐作為替代爐具的。無論如何，如果食譜中的某一部分，你想以微波爐來料理，像蔬菜的預煮或是融化奶油等，那也是可以的。

　　大多數的烤箱大約要 15 分鐘才能預熱起來，通常要等烤箱到了所需要的溫度才把食物放進去才是最好。要用烤架燒烤也需要預熱。

　　除非烤箱裡有風扇輔助，否則所有的烤箱都有上層較熱的情形，這會影響到食物要多久才被烤好，以及是否會烤焦。烤箱如果有兩層，你就可以把菜餚分別放在上下兩層，烘烤兩種所需溫度略有不同的菜色。

　　食譜裡面提供的溫度向來只是一個參考，所以你要用自己的烤箱實驗一下，才能知道烤箱溫度必須調高還是調低。如果你的烤箱有輔助風扇，那麼你可能就會發現，食物採用比食譜指示略低的溫度來烤較好，這樣你就需要自己視情況調整時間了。

基本的料理詞彙

🍅 使用細目篩來「篩」麵粉，篩的時候輕柔的搖動。這樣空氣會被打入，而結成糰塊的麵粉則會被濾掉。如果你是用的是全麥麵粉，麵粉篩過以後，把留在篩子上的麥糠倒在篩過的麵粉上。

🍅 某道菜要慢火「燉煮」，鍋中的水應該要偶而冒幾個泡就好；「滾」了之後，水應該會一直持續冒泡泡。

🍅 「煮半熟」意思是只煮食物要全熟所需的一部分時間就好。

🍅 「燙」指的是食物直接放入沸騰的水裡後很快撈起（某些蔬菜只需採用這方式料理即可——例如，菠菜）。有些食譜則會建議把番茄燙水，讓番茄的外皮變鬆軟，剝皮時可以容易些。

🍅 「炒」則是把食物放入深鍋的熱油之中，快速翻動。

重量與計量

　　許多線上食譜，或是美國出版的料理書（或是舊的料理書）都使用量杯或盎司來做為計算材料多寡的單位，而不是用公克和毫升。以下的表格是一些常用計量單位的換算表。

🍎 用杯或量匙的時候，裝的食物與兩邊邊緣齊平，也就是平匙，不可以高出來或凹陷下去。

🍎 一分食譜中，最好不要混用公制和英制，只用一種計量單位效果最好。（那樣一來，你的蛋糕做出來可能會稍微小一點，但是裡面成分的比例起碼是正確的，蛋糕會「做得出來」。）

公制重量	英制重量	美制量杯		
		粉狀食物，也就是麵粉	糖及油脂	濃縮食物，也就是糖漿
25 公克	1 盎司		1/4 量杯	
50 公克	1 3/4 盎司			
100 公克	3 1/2 盎司		1/2 量杯	
150 公克	5 1/2 盎司	1 量杯		1/2 量杯
200 公克	7 盎司		1　量杯	
250 公克	9 盎司			
300 公克	10 1/2 盎司	2 量杯	1 1/2 量杯	
350 公克	12 1/2 盎司			1 量杯
400 公克	14　盎司		2 量杯	
500 公克	1 磅 2 盎司	3 量杯		
1 公斤	2 磅 3 盎司			

公克 =g = gram　　公斤 =kg = kilogram　　盎司 =oz = ounce
磅 =lb = pound　　cup= 量杯　　　　　　1 公斤 =1kg = 1000 g=1000 公克
1 磅 =1lb = 16oz（455 g）=16 盎司（455 公克）

公制容量	英制容量（UK）	美制量匙／量杯
5 毫升	1 茶匙	1 茶匙
15 毫升	1 湯匙	1 湯匙
25 毫升	1 液量盎司	1/8 量杯
50 毫升	2 液量盎司	1/4 量杯
100 毫升	3 1/2 液量盎司	1/2 量杯
150 毫升	5 液量盎司（1/4 品脫）	
200 毫升	7 液量盎司	
250 毫升	9 液量盎司	1 量杯
300 毫升	11 液量盎司（1/2 品脫）	1 1/4 量杯
350 毫升	12 液量盎司	
400 毫升	14 液量盎司	
450 毫升	16 液量盎司	2 量杯
500 毫升	17 1/2 液量盎司	
550 毫升	20 液量盎司（1 品脫）	
1 公升	1 1/4 品脫	1 夸脫

毫升 =ml = milliliter　　　　　　　液量盎司 =fl oz = fluid ounce
茶匙 =tsp = teaspoon　　　　　　　湯匙 =tbsp = tablespoon
1 公升＝ 1 litre = 1000ml ＝ 1000 毫升　夸脫＝ quart
1 品脫 =1 pint = 20fl oz（568ml）= 20 液量盎司（568 毫升）

早餐

剛開始吃固體食物的前幾個月，如果寶寶對早餐一副意興闌珊的模樣，請別訝異。許多寶寶早晨睜眼第一件想要做的事，都是抱抱和餵一頓奶。當寶寶準備好加入早餐行列後，你還是有很多方法可以改變他一直以來習慣的食物，或是嘗試一些新的食物。

成年人很容易會養成日復一日吃相同食物當做早餐的習慣，改變一下提供給寶寶的食物，讓他有機會發現食物不同的口味與口感，並攝取各種的營養是很不錯的想法。

以下的食譜可以讓你「一如平常」的早餐多些美味的替代選擇，裡面不少道菜色，拿來當做午餐或下午茶也是挺好的。

 早餐的點子

以下這些點子，告訴你有哪些超簡單的早餐可以給寶寶。

新鮮水果

整顆或切片的新鮮水果，就是一分絕佳的早餐。

水果加優格

　　無論是新鮮、煮過或是磨泥的水果，只要加上全脂的天然優格（最好是活菌優格）就是一道簡單又美味的早餐。正搖搖學步的小寶貝可以使用湯匙攪拌水果，或是練習沾醬的技巧。你可以事先裝好給寶寶，如果寶寶能力所及也能讓他自己裝。

輕鬆吃的早餐餅乾

　　如果家中其他成員吃的是早餐餅乾（像是英國著名的品牌Weetabix，維多麥），而且是以傳統的英國方式吃，也就是放碗裡，上面倒入牛奶，這樣的食物寶寶處理起來較困難，他會吃得杯盤狼籍。要讓這件事變得簡單，請在餅上滴兩湯匙牛奶，等牛奶滲透進去，再視需要決定是否多加。滴牛奶的目的是要使餅乾變軟，但要軟而不爛，這樣就可以像軟的麵包片一樣用手拿取，寶寶也會覺得容易多了。

全熟的蛋

　　全熟的煎蛋，或是水波蛋（水煮荷包蛋），都會變得較硬讓寶寶可以輕鬆拿起來，這也是幫助他們發現蛋白和蛋黃差異的好辦法。用平常的方式煎蛋（炒蛋的時候用最少的油）或是在熱水中下個全蛋水煮，但是煮的時間久些，直到蛋黃全熟變硬。如果煎蛋的邊緣太硬，修掉一些，然後等蛋冷卻一下就可以給寶寶吃。

法國吐司

蛋汁麵包可以當做一分很棒的早餐，冷掉以後讓寶寶當點心，他也會喜歡的。

分量：1 個大人和 1 個寶寶
材料：‧2 顆蛋
　　　‧1 湯匙牛奶（自由選擇，讓蛋汁更易沾附）
　　　‧4 片麵包
　　　‧油或奶油（無鹽），用來煎麵包

在碗中打蛋，可以加入牛奶一起攪打。將麵包放入蛋汁裡浸泡，必要的話翻面，讓兩面都可以沾到蛋汁。

把油或奶油放入煎鍋中加熱，將浸蛋汁的麵包以中到大火煎至蛋熟，並煎到兩面呈現金黃色即可。

存放：蛋汁麵包最好趁新鮮吃，也可以冷凍保存再用微波爐加熱。冷凍前必須完全冷卻，放在密封的容器裡，兩片麵包之間用防油紙隔開。

切塊（切成寶寶容易取食的手指狀長條形，兩歲左右的幼兒可能會喜歡三角形），切好後立刻供食，或是放涼，夠涼之後讓寶寶自己處理。

你可以這樣做

🥄 添加一小撮肉桂粉到打散的蛋汁中可以增添溫暖的辛香風味。

 炒蛋

　　炒蛋可以讓一天有個健康的開始——只要給寶寶之前，確定他的部分有炒熟即可。

> 分量：1 個大人和 1 個寶寶
> 材料：・3 顆蛋
> 　　　・1 湯匙牛奶（自由選擇，讓蛋質更柔軟）
> 　　　・1 小撮剛磨的黑胡椒（自由選擇）
> 　　　・1 小坨奶油（無鹽）

　　在碗中打蛋，此刻可以加入牛奶一起打，並加入黑胡椒增添口感。

　　用小平底鍋以小火融化奶油。把蛋汁倒進去，不斷攪拌直到蛋汁變稠。繼續炒 5 ～ 10 分鐘直到所有的蛋都變硬。（你也可以用碗在微波爐中料理炒蛋。用高溫微波大約 1 分鐘， 每隔 15 秒鐘檢查一下，並且攪拌）。

　　立即供食，或是放涼到可以給寶寶食用的程度。可以和吐司、貝果、英式鬆餅或是可頌麵包一起吃。

你可以這樣做

🐞 你可以把任何喜歡的東西加到蛋汁裡面，前提是這食材必須在煮蛋時也能一起被煮熟（或是徹底加熱）。試試看加入一點切碎的火腿末、西班牙臘腸末或義大利臘腸、刨成絲的乳酪、切薄片的洋菇（罐頭洋菇或預先煮過的洋菇都可以），也可以加一些切碎的洋蔥（加到蛋汁之前，最好先用小火在奶油中炒軟）。

🐞 可以加一些香草料，像是切得碎碎的百里香，也可以在炒好的蛋上面撒一點匈牙利紅椒粉增添特殊的風味。

☀ 濃稠的燕麥粥

　　粥品對於全家人來說，都是真正健康的早餐餐點，但是寶寶吃粥倒是有點麻煩。特別濃稠的粥，寶寶可以用手抓。寶寶也會很愛把粥擠來擠去，到處塗抹，所以讓他穿長袖的圍兜，或是光裸著手臂都是個好主意。

分量：1 個寶寶
材料：‧3 湯匙平匙的煮粥麥片，使用整粒的燕麥片，
　　　　口感比較扎實
　　　‧100 毫升的水或牛奶，兩者混合也可以（根
　　　　據自己口味調整）

把麥片放進小的單柄湯鍋裡，加入水或牛奶。等到水滾後，燜 5 ～ 6 分鐘，持續攪拌。熄火後放置幾分鐘，然後趁熱供食。（你也可以用碗在微波爐中煮粥。使用高溫微波大約 2 分鐘，每隔 30 ～ 60 秒檢查一次，並攪拌。）

你可以這樣做

🥄 水果很適合加進粥裡。不過，如果放進鍋子裡和粥一起煮，熱度通常會持續較久，所以要提供粥品給寶寶吃之前，先檢查一下水果的溫度。可以嘗試加一些刨絲的蘋果或梨子（肉桂加不加都可以，或加一撮就好）到鍋子裡一起煮；新鮮的藍莓、燉煮過或磨成泥的水果（杏桃、黑棗、梅子、蘋果、梨子等）都可以在煮粥的時候加進去，或是之後加入攪拌；煮好後在上面灑一些黑糖蜜（這樣粥看起來雖然有點髒，但是黑糖蜜中卻含有許多健康的維生素 B 呢！）

注意：如果你不想粥太濃，只要多加些牛奶就可以（或是牛奶加水的混合）。

「煮梅子時加入肉桂棒一同燉煮，會讓食物充滿濃濃的寒冬滋味。很適合冷凍結成小冰塊，早上加進粥裡面。」

珍，七個月大咪亞的媽媽

快煮麥粥棒

小小的麥粥棒對於剛要開始處理麥片的寶寶來說很容易入手，雖然大人可能會比較偏好「真正」的麥片粥。這個食譜用微波爐只要幾分鐘就能完成，非常適合在時間勿促時料理。

「尼爾以前很喜歡快煮麥粥棒——這東西看起來實在平淡無奇，但是他卻能握住，吃掉不少。他到了八個月大左右，早餐時間幾乎都要吃。我之所以喜歡麥粥棒是因為不會一早就搞得到處亂七八糟。」

凱特，兩歲半大尼爾的媽媽

分量：1 個大人和 1 個寶寶
材料：・3 湯匙平匙的煮粥麥片（不要「即食」燕麥片）
　　　・3 湯匙的牛奶

拿一個碗將牛奶倒進麥片裡，泡軟。

把牛奶麥片的混合料放入小小的平底盤或碗裡，用湯匙的背面壓平。微波爐高溫料理兩分鐘，在麥片還是熱的時候切成手指大小的長棒，冷卻以後供食。

你可以這樣做

🥄 可以把一些紅葡萄乾或白葡萄乾加到麥片牛奶的混合料上，
然後再進行料理。

🥄 如果沒有微波爐，也可以利用烤箱來製作麥粥棒。只要用攝
氏 190 度烤約 15 分鐘即可。

☀ 烙司康（蘇格蘭鬆餅）

　　烙司康是以稍微濃稠一點的鬆餅糊製作而成的鬆餅，夾餡後作
為早餐餐點或拿來當做午餐、下午茶都不錯。鍋子燒得很熱時煎出
來的鬆餅最好吃，所以當第一塊鬆餅沒有後來煎出來的好吃，也不
要感到訝異。

分量： 可製作最多 20 個烙司康
材料： ·125 公克自發麵粉（或 125 公克中筋麵粉加
　　　　上 1 茶匙的泡打粉）
　　　·1 顆蛋
　　　·150 毫升牛奶
　　　·油或奶油（無鹽）

將麵粉放進攪拌用的碗裡，在麵粉中央挖一個洞，把蛋打進洞裡，接著倒入一半的牛奶從中心點開始，將麵粉和材料逐漸攪拌混合。將剩下的牛奶慢慢加入，繼續攪打，直到糰塊消失，此時濃稠度大約像重乳脂或慕斯用的鮮奶油。最後加入你喜歡的配料增添風味。

把平底煎餅淺鍋或是不沾鍋煎鍋加熱，鍋中上一層非常薄的油。鍋子燒得極熱之後，把少量的麵糊倒入，每次大約是 2 湯匙的分量，麵糊會擴大到約 8 ～ 10 公分左右。煎個幾分鐘，直到邊緣都熟了，麵糊幾乎從中間膨起，然後將烙司康翻面，另一面也要烙上相同時間。如果你的鍋子夠大，一次可以做好幾個司康一起烙。

溫熱吃或放涼後吃，搭配鹹醬或甜醬一起都很好吃！

存放：烙司康可以冷凍保存。將司康放在密封的容器裡，中間用防油紙隔開，才不會黏在一起。這種司康可以保存兩個月左右，用烤箱或微波爐重新加熱幾秒就行。

你可以這樣做

* 在下鍋料理前，可以加入一些你喜歡的配料（不過要注意，加入太多配料會改變濃稠度）。可以試著加一點刨絲的乳酪（切達乳酪或類似的）、切碎的菠菜、切細的紅甜椒、葡萄乾或藍莓則可以壓碎或是切成對半、蘋果刨絲、或把香蕉搗爛加入。

☀ 吐司佐料

　　早餐時，幾乎什麼東西都能放到吐司上一起吃，但是如果你向來只塗果醬或柳橙醬，那麼這裡提供你一些較為健康的替代品，讓你可以給寶寶吃。切成手指大小棒狀的吐司大概是寶寶最容易入手的形狀了，大一點的寶寶和學步期寶寶可能會喜歡小三角形。把下列的東西放到吐司上試試：

- 鷹嘴豆泥
- 乳酪
- 香蕉，搗爛或切片
- 沙丁魚，油漬的，不要浸鹽水的
- 魚沾醬
- 番茄，搗爛或切片
- 豆子抹醬
- 烤豆子，低糖、低鹽
- 滑順的核果醬或花生醬（只要沒有過敏疑慮）
- 甚至是你還沒聽說過 BLW 之前準備並冷凍起來的蔬菜泥！

吐司的替代品

- 通常你不會吃的白麵包、全麥麵包或穀物麵包
- 黑麥麵包
- 水果麵包
- 口袋麵包
- 印度烤餅
- 英式鬆糕，分成兩半
- 烙司康
- 可頌麵包，低鹽
- 英式烤圓餅，低鹽
- 燕麥餅，低鹽
- 米香餅，低鹽

秘訣：吐司只烤一面（用烤箱的烤架烤，別進烤麵包機），然後把抹醬塗在沒烤的一面，抹醬的附著力比較好，吐司也會比較軟。

輕食午餐

　　輕食是你和寶寶理想的午餐或下午茶，本段落中有很多不需耗時準備、也不會讓你覺得太過飽足的餐食點子。

乳酪和扁豆尖餅

　　美味可口的尖餅，野餐或作為點心都很棒。

分量：2 個大人和 1 個寶寶
材料：・225 公克紅扁豆，用冷水徹底洗淨瀝乾
　　　・450 毫升水
　　　・油或奶油（無鹽）
　　　・1 顆大顆的洋蔥，切碎
　　　・100 公克乳酪，刨絲
　　　・1 茶匙乾燥混合香草料
　　　・1 顆蛋，打散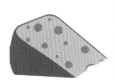
　　　・25 公克麵包屑
　　　・現磨的黑胡椒，增加風味用

　　把扁豆放入鍋中，加水煮滾，蓋上鍋蓋燜煮 10 ～ 15 分鐘，直到扁豆變軟，所有水分收乾為止。偶而檢查一下，把泡沫和渣舀掉。

　　烤箱預熱到攝氏 190 度，把 23 公分的蛋糕模型輕輕上一層油。將扁豆和洋蔥的水分濾乾，放入攪拌碗裡。把其他的材料加進來混合均勻後，用湯匙背面壓入預先準備好的模型裡。

　　烤箱烘烤 30 分鐘左右，稍微放冷後切成尖頭的扇形。可以溫熱或是放冷供食。

☀ 鬆餅

　　鬆餅是典型的午餐輕食或是週末的早餐。多做幾次之後，你就會發現鬆餅做起來又快又簡單。薄的鬆餅可以捲起來，切成輪狀，讓寶寶更容易拿。要做厚的鬆餅，只要把牛奶的量（或是牛奶和水）減少就可以。實驗一下，試試看黏稠度，就可以做出你想要的完美鬆餅了。

分量：大約可做 15 個鬆餅
材料：・125 公克中筋麵粉
　　　・1 顆蛋
　　　・300 毫升牛奶（或一半水，一半牛奶，這樣鬆餅比較薄）
　　　・油或奶油（無鹽）

　　製做麵糊時，將麵粉放進攪拌用的碗裡，在麵粉中央挖一個洞，把蛋打進洞裡。先倒入一半的牛奶從中心點開始，將麵粉和材料逐

漸攪拌混合。將剩下的牛奶慢慢加入，繼續攪打，直到糰塊消失，濃稠度有如咖啡用鮮奶油。有時間的話，可以讓麵糊在冰箱放一、兩個鐘頭，再來料理。

接下來，在煎餅鍋或大的平底鍋上一層薄薄的油或奶油後加熱。鍋子燒得很熱後，倒入滿滿一杓麵糊，把鍋子稍微傾斜一下，讓麵糊平均、薄薄的擴大。大約煎個 3 分鐘左右，直到整個麵糊表面冒出泡泡。從邊緣輕輕掀起，看看下面是否已經呈現金黃色。

這時候，你可以開始晃動鍋子，讓整個鬆餅呈現鬆軟的樣子。將鬆餅翻面（可以的話，來個拋鍋吧！）繼續煎 30 秒鐘左右。可以趁熱供食，上面可以加料或是加醬汁。最簡單的醬汁就是擠些檸檬汁上去，或是加上天然的優格或法式酸奶油（crème fraîche）。

秘訣：蛋鬆餅麵糊可以用來製作約克夏布丁或約克夏香腸布丁，放在冰箱中能保存好幾天。做好的鬆餅冷凍（用防油紙隔開），最多可以放上兩個月。

你可以這樣做

- 想要麵糊味道濃郁，可以多加 1 ～ 2 茶匙的油或融化的奶油。

- 鬆餅上可以嘗試塗抹下面任何一種配料，然後再摺起來或捲起來：切碎的火腿或菠菜或加刨絲乳酪、奶油乳酪、搗爛的香蕉、刨絲蘋果加上切碎葡萄乾和肉桂、或是壓碎的藍莓或覆盆子。

高麗菜馬鈴薯煎餅

　　當寶寶能夠用手抓起一把食物並送進嘴裡後，這道傳統的英國菜餚就很適合寶寶了。這也是一道利用剩菜的好方法。

分量：2個大人和1個寶寶
材料：・約 450 公克馬鈴薯，煮好搗爛
　　　・約 225 公克煮過的高麗菜，切碎
　　　・1 撮現磨黑胡椒粉（自由選擇）
　　　・1/2 茶匙乾燥的混合香草料，新鮮香草料也可以（自由選擇）
　　　・油或奶油（無鹽）

　　將搗碎的馬鈴薯、高麗菜、黑胡椒和香草料放進碗裡面，攪拌均勻。

　　油或奶油放進平底鍋中加熱，將馬鈴薯混合泥鋪滿鍋子的底部，壓平，厚度大約 1 ～ 2 公分。煎至馬鈴薯混合泥的底部呈金棕色後翻面，煎另外一面，要煎到兩邊都呈金棕色，馬鈴薯中間徹底加熱熟透。如果你家的鍋子小，最好分批煎，每一次鍋子裡都要加一點點油，並預熱。另一種替代性作法則是，少量分開煎，做成小顆的高麗菜馬鈴薯煎餅。

　　單獨趁熱吃，加上烤豆子或是冷雞肉或火雞肉當附食也很搭。

你可以這樣做

🍃 雖然傳統的高麗菜馬鈴薯煎餅裡面不加蛋，但是馬鈴薯混合泥中加入 1 顆蛋拌勻，會讓餅的黏合性更好，寶寶比較容易拿取。

🍃 半顆洋蔥或是 2 根青蔥切碎，先以一點點油小火炒軟後加入，可以增添特殊的風味。

🍃 高麗菜可以用任何事先煮過、切碎或搗爛的蔬菜取代（也可以綜合幾種蔬菜或剩菜），舉例來說：抱子甘藍、羽衣甘藍、菠菜、胡蘿蔔、蕪菁、白蘿蔔、芹菜、南瓜或櫛瓜。

鷹嘴豆餡餅

鷹嘴豆非常營養，這種餡餅寶寶要握要吸要咬都很容易。用果汁機來製作最快，不過你也可以使用馬鈴薯壓碎器或是木製湯匙。

分量：2 個大人和 1 個寶寶
材料：·400 公克罐裝鷹嘴豆（或大約 100 公克，乾
　　　　鷹嘴豆，事先煮好）
　　　·3 片蒜瓣，切碎或壓碎
　　　·1～2 茶匙磨碎的香菜
　　　·1～2 茶匙磨碎的小茴香
　　　·1 個中型洋蔥，切碎
　　　·1/2 顆檸檬擠汁（大約 2 湯匙）
　　　·1 湯匙中筋麵粉

· 約 2 湯匙新鮮巴西利，切碎
· 現磨黑胡椒粉，增添風味
· 油，油煎用

鷹嘴豆洗乾淨，徹底瀝乾。蒜頭、研磨的香料、洋蔥和檸檬汁都加入一個大碗中一起混合，用果汁機徹底攪碎（或壓碎）。加入麵粉、巴西利和黑胡椒，均勻混合。

鷹嘴豆混合泥擠成手握的大小，大約可擠成 12 個小圓餅（手先沾麵粉或打溼可以避免沾黏）。將材料放入冷藏 20 分鐘，讓材料變硬。

煎鍋中熱油，油溫很熱時，把餡餅加進去，兩面都要煎幾分鐘至金黃，直到表面酥脆。

鷹嘴豆餡餅最好趁熱吃，可放入烤熱的口袋夾餅中，或和撕成條狀的口袋夾餅加芝麻醬、優格和小黃瓜棒或番茄醬一起吃。

你可以這樣做

🥄 如果你想讓餡餅辣一些，可以加入一撮辣椒粉，或是一些切碎的辣椒混合。

☀ 簡易印度豆泥糊

印度豆泥糊是寶寶剛開始接觸辛辣食物時，一種可口，辣度又溫和的食物，而且有益健康的營養成分很多。拿來作為沾醬很適合，不過用湯匙、或用手抓來吃也可以。

如果你的寶寶剛開始嘗試，你可以提供一些已經沾好的沾棒給他。

分量：2 個大人和 1 個寶寶
材料：‧油、印度酥油（或稱無水奶油，
　　　　　ghee）、或是奶油（無鹽），
　　　　　油煎用

　　　‧1 ～ 2 顆中型洋蔥，切碎
　　　‧2 片蒜瓣，切細或壓碎
　　　‧1/2 茶匙薑黃
　　　‧1/2 茶匙研磨的小茴香
　　　‧1/2 茶匙辣味溫和的辣椒粉或是辣椒細片，增
　　　　添風味
　　　‧1 ～ 2 公分長的新鮮薑塊，去皮，切細或刨
　　　　絲（自由選擇）
　　　‧225 公克黃色或紅色扁豆，用冷水徹底洗淨
　　　　瀝乾
　　　‧1 條肉桂棒或 1/2 茶匙的研磨肉桂（自由選
　　　　擇）
　　　‧約 750 毫升水
　　　‧1/2 顆檸檬汁 （約 2 湯匙，自由選擇）
　　　‧1 湯匙新鮮的香菜葉（芫荽），切好

　　鍋中加入油或奶油燒熱，放入洋蔥炒軟。加入蒜頭炒約 1 ～ 2 分鐘，再把粉狀的辛香料和薑加進去。續入扁豆和肉桂，加入足夠的水，要能淹蓋住豆子。煮滾，偶而要攪拌，熄火後，蓋上蓋子，燜約 25 ～ 30 分鐘，偶而打開持續攪拌直到扁豆軟而未爛。

　　把肉桂棒拿掉，倒入檸檬汁，攪拌均勻。撒上切碎的香菜，趁熱和其他的咖哩、優格和小黃瓜沾棒及米飯、印度烤餅、或是印度麥餅一起吃。也可以當做沾醬，和口袋夾餅、麥餅撕條，或是蔬菜棒一起吃。

你可以這樣做

- 你也可以用黃豌豆（或稱馬豆）來製作印度豆泥糊，只是料理的時間比較久。

鮪魚炸餅

　　這種小小的炸餅極為美味，寶寶處理起來很也簡單。鮪魚可用鮭魚取代。

存放： 做好的鮪魚炸餅可以存放在冷藏兩、三天，也可以冷凍。要吃的時候用微波爐或烤箱加熱。

分量：2 個大人和 1 個寶寶
材料：・2 顆大的馬鈴薯
　　　・185 公克 罐裝鮪魚（油漬或是清水的）
　　　・1 湯匙萊姆汁，增添風味
　　　・25 公克奶油（無鹽）
　　　・25 ～ 50 公克麵包屑（乾硬、或烤過的）

　　馬鈴薯去皮，切成小丁，蒸或煮。烤箱預熱到攝氏 200 度，烘焙紙塗上一層薄薄的油。將鮪魚瀝乾，撕碎。馬鈴薯煮好後，瀝乾、壓碎並加入鮪魚、檸檬汁，混合均勻。把奶油加入一起攪拌。

　　將混合的馬鈴薯泥捏成小香腸的形狀（手上抹上麵粉，這樣比較不容易沾黏）。一個個在麵包屑粉中滾過，放到烘焙紙上。用烤箱烤約 20 分鐘，直到外皮呈現金棕色，並完全熟透。

　　趁熱吃，可與蔬菜像是四季豆、甜玉米一起食用。

沙丁魚吐司

這是一道簡單又健康的午餐，可用原味的油漬沙丁魚罐頭（不要番茄汁沙丁魚罐，這種太鹹）來製作。

分量：2 個大人和 1 個寶寶
材料：・125 公克油漬沙丁魚罐頭
　　　・6 ～ 8 個成熟的紅色小番茄，粗切
　　　・6 ～ 8 片新鮮羅勒葉子，切好 （增添風味）
　　　・吐司麵包（黑麥或全穀物）
　　　・1/2 顆檸檬汁 （大約 2 湯匙，自由選擇）

烤架預熱到中溫。沙丁魚瀝乾，用叉子壓碎（包括軟骨），加入番茄拌勻。再加入羅勒葉，好好攪拌。

將麵包放在烤架上，單面烤。把沙丁魚的混合材料塗抹在未烤的一面，然後放回烤架上，直到完全加熱。

喜歡的話，可以擠一些檸檬汁進去。趁熱切成手指大小的棒狀或三角形並供食，配沙拉或是辣番茄沙拉吃。

烤馬鈴薯

烤馬鈴薯是絕佳的午餐備品。用烤箱慢慢烤滋味最好，不過也可以用微波爐來料理，10 分鐘之內就好了。

分量：每人 1 顆大顆的燒烤用馬鈴薯
材料：・每顆馬鈴薯一小坨奶油（無鹽，自由選擇）
　　　・自選加料

將烤箱預熱到攝氏 200 度。選擇大小差不多的馬鈴薯，徹底刷洗乾淨、擦乾，然後用叉子整顆叉一叉。放入烤箱（不需要放在烤盤上），烤大約 1 個鐘頭，時間視大小而定（烤好的馬鈴薯擠壓時會覺得軟）。

秘訣：每顆馬鈴薯插上金屬串（留在馬鈴薯上別拔掉），再放進烤箱中烤，可以縮短烘烤的時間。

烤馬鈴薯最好趁熱吃，加一坨奶油或是在上面加料，配上沙拉。可以幫寶寶把馬鈴薯切成厚的扇形，或是撥開，讓他自己去抓軟軟的馬鈴薯和上面的加料。另一種替代方式則是把馬鈴薯的薯肉用杓子挖出來，跟上面的加料混合，然後塞回外皮裡面。

你可以這樣做

- 馬鈴薯放進烤箱前先用油刷外皮,讓外皮光亮,也比較不乾。

- 甘藷也能烤(時間稍微短一點),但是可能會掉落,所以最好攤開放在烤盤上。

- 上面的加料可以是刨絲乳酪或奶油乳酪、烤豌豆、鮪魚與甜玉米、鯖魚煮熟與菲達乳酪。

☀ 香蒜口袋麵包

這道簡單的食物對於可以處理稍微有嚼勁食物的寶寶很合適。

分量:1 片口袋麵包(或更多),每人分
材料:・1 茶匙的香蒜醬(低鹽或自家製),每個口袋麵包
　　　・10 ~ 15 公克刨絲乳酪,每個口袋麵包

烤架預熱到中溫。把口袋麵包撥開,裡面塗上香蒜醬。將乳酪弄碎放在香蒜醬上。把口袋麵包合起來,放到烤架或是微波爐裡幾分鐘,直到乳酪融化。

秘訣:口袋麵包先用烤箱稍微烤過,比較容易撥開。

披薩吐司

這道食譜是介於乳酪吐司與披薩之間的料理，切成手指棒狀，就算是剛開始嘗試 BLW 的寶寶也很容易用手拿來吃。上面的加料包起來吃也相當不錯。

分量：1 片吐司麵包（或更多）
材料：・1 茶匙番茄泥（無鹽），每分吐司
　　　・15 ～ 25 公克刨絲乳酪
　　　・乾燥的奧勒岡葉（或綜合香草料）每分吐司

烤架預熱到高溫。將麵包放在烤架上，單面烤。把無鹽的番茄泥塗抹在未烤的一面，撒上碎乳酪、奧勒岡葉，放回烤架上，烤到乳酪融化。

趁熱切成手指大小的棒狀或三角形，並趁熱供食。

你可以這樣做

- 吐司上可以加你喜歡的料，火腿切碎、洋菇薄片、鮪魚、新鮮番茄丁……等等，和傳統加到披薩的材料一樣。

- 可以用英式鬆餅撥半取代吐司。如果想要麵包底酥脆，可以用攝氏 160 度烤 10 ～ 15 分鐘而不要用一般烤架。

西西里炸飯糰

西西里炸飯糰是一種美味又簡單的手抓食物，可以用新鮮食材做，也可以用沒吃完的義大利燉飯（risotto）。這種炸飯糰的傳統內餡是火腿或莫扎瑞拉乳酪。真正的西西里炸飯糰是小丸子形狀，但是如果你喜歡，也可以做成不包餡的長棒形。如果想留一些義大利燉飯第二天做西西里炸飯糰，可以先把煮好的飯立刻攤開放在淺盤子裡，讓飯儘快涼下來。完全冷卻後，將義大利燉飯放到密閉的容器中，放入冷藏。

如果你只是為了要做西西里炸飯糰而做義大利燉飯，那麼食譜最好保持簡單，或許只加洋蔥、蒜頭、帕馬森乳酪和白飯就好。煮好的義大利燉飯先放冷，再進一步處理。

西西里炸飯糰做成長棒狀或是丸子形狀切半都可以當做很好的沾棒。

分量：2 個大人和 1 個寶寶
材料：・一些麵粉當做裹粉
　　　・1 顆蛋，打散
　　　・50 公克麵包屑（乾硬、或烤過的）
　　　・2 大杯煮好的義大利燉飯，大塊的材料（雞肉或胡蘿蔔）都要拿掉
　　　・一些小塊的莫扎瑞拉乳酪或火腿（自由選擇）
　　　・2 湯匙油，油煎用

把麵粉、蛋和麵包屑分別放入 3 個碗裡。手沾濕，拿出大約 1 湯匙的義大利燉飯放在手掌心。用手擠壓、整形，做成一個約高爾夫球大小的丸子形、橢圓形，或是 5 公分的短棒形也可以。

如果你的西西里炸飯糰要放餡料，先做成丸子形，然後用手指頭挖一個洞。輕輕把 1 小塊莫扎瑞拉乳酪或是 1 小塊火腿放進去，兩種都放也行。然後餡料周圍用米飯完全覆蓋、壓緊。

每一種形狀都要沾上麵粉，放入打散的蛋汁裡，然後沾上麵包屑，這樣才可以完全裹好。

用大的煎鍋熱油，油熱之後，把西西里炸飯糰放進去，煎 5 ～ 10 分鐘，偶而要翻一下面，直到表面呈現金色酥脆。

趁熱供食。如果你的西西里炸飯糰裡面包了莫扎瑞拉乳酪，給寶寶之前要先把丸子對半切開，檢查一下裡面的乳酪會不會過熱。

日式飯糰

在日本，飯糰是非常受歡迎的食物，常常被放進午餐的便當盒裡，或是帶出去野餐。飯糰可以做成原味飯糰，或是包餡料的飯糰，像是裡面加烤鮭魚，外面用海苔片包起來，以增加不同的風味和口感。傳統的飯糰是圓形或是三角形，但是可以做成任何形狀和大小，只要適合寶寶就好。

壽司米是最適合做飯糰的米，但是你也可以用有黏性的米或是義大利燉飯來取代。

份量：2個大人和1個寶寶
材料：・250公克（大約 3/4 個大杯）日本壽司米
　　　・內餡自選，但是要小塊（如，鮭魚、酪梨、罐頭鮪魚）
　　　・1～2張海苔片，切成條狀（自由選擇）

根據米包裝上的指示煮好飯，稍微放冷。手沾濕，拿1～2湯匙溫飯，手握成杯狀壓緊（也可以用小碗壓），中間壓一個凹洞。把你選擇的內餡放進去，外面包上飯壓緊，確定內餡被完全覆蓋。

把飯糰捏成丸狀、長條形或是三角形，以適合寶寶握，施足夠的力量將米飯壓緊，需要的話可以加一點溫水（不壓緊會散開）。此時可以用切成長條形的海苔片把它包起來。

趁熱吃、放涼吃都好，單獨吃或當沾棒都行。

你可以這樣做

🌱 成年人可能會喜歡包梅子的飯糰（醃梅子），這種醃漬的梅子很鹹，所以不適合寶寶和年齡較小的孩子食用。

沾醬和塗醬

　　給寶寶一些軟的食物作為沾醬，加上「沾棒」一起吃，就是一個幫助寶寶掌握用餐所需技巧的好方式。沾棒是寶寶能吃（甚至沒牙也能吃）的食物，例如麵包棒。稍微有點硬度的食物也可以，他們雖然還吃不了，但是可以吸或舔。像西洋芹菜棒就很理想，因為樣子和湯匙很像，可以沾附很多沾醬，還能鼓勵寶寶用舌頭去把這些沾醬舀出來。寶寶可以用湯匙去沾，也可以用手指頭。

　　從大約八個月大起，寶寶通常就會開始發現沾棒的用法，不過，有些寶寶更早就能領會這種沾棒使用上的奧妙。當寶寶開始學吃的時候，要有心理準備沾醬可能會搞得到處一片髒亂。

　　「布雷克最喜歡的午餐是鷹嘴豆泥、胡蘿蔔棒和口袋夾餅，而且喜歡很長的時間了。我們一開始時把口袋夾餅切成條狀，抹上鷹嘴豆泥給他，之後，他就發現要怎麼把口袋夾餅和胡蘿蔔條放進他酷愛的鷹嘴豆泥中浸一下。他到現在都還很愛呢！」

　　　　　　　　　　　　　　莉亞，十九個月大布雷克的媽媽

適合作為沾棒的食物

- 麵包棒
- 口袋夾餅切成條狀或扇形
- 吐司麵包切成手指大小
- 生蔬菜切成條狀，像是紅椒、
  小黃瓜、西洋芹菜、櫛瓜和胡蘿蔔
- 水果切成條狀或扇形，像是蘋果、甜桃和芒果

鷹嘴豆泥

　　鷹嘴豆泥是一種非常營養的沾醬，而且大多數的寶寶都喜歡。可以和溫熱的口袋夾餅一起吃，切成條狀、扇形或對半，或是拿生的蔬菜棒和麵包棒當做沾棒來吃。鷹嘴豆泥和沙拉一起吃非常可口，也是烤馬鈴薯極為美味的內餡，做成三明治內餡或是放在吐司及燕麥餅上都是絕佳餡料。

材料：‧400 公克罐頭鷹嘴豆（或約 100 公克乾鷹嘴
　　　　豆，事先煮好）
　　　‧1～2 片蒜瓣，切細或壓碎
　　　‧1 顆檸檬汁（約 4 湯匙）
　　　‧2 湯匙芝麻醬
　　　‧2～3 湯匙橄欖油
　　　‧1 小撮匈牙利紅椒粉

將鷹嘴豆洗淨瀝乾，然後用馬鈴薯壓碎器（或用果汁機、食物調理機）壓碎。加入一點蒜頭、檸檬汁、芝麻醬和橄欖油，徹底混合均勻。

品嚐看看，看是否還需要更多蒜頭、檸檬汁、或芝麻醬；想要口感滑順可以多加一點油。把鷹嘴豆泥放到供餐的盤子上，撒上匈牙利紅椒粉。供食之前先放入冷藏庫冰涼。

你可以這樣做

- 可以試試看，在蒜頭和檸檬汁外再加一些研磨的黑胡椒或是 1 小撮小茴香。

- 把新鮮香草料，例如巴西利或香菜，切碎，放進去，讓口味更有變化。

- 想要沾醬更柔軟濃郁，可以加入 1 湯匙的天然優格或是法國酸乳酪。

酪梨莎莎醬

酪梨莎莎醬可以當作沾醬，也可以作為塗醬，抹在吐司麵包、米香餅或燕麥餅上。但由於顏色很容易變黑，所以需要在一、兩個小時之內吃掉。

材料：
- 2 顆粒成熟中型番茄，燙過、去皮並放冷
- 1 顆成熟酪梨，切對半，去核
- 1 顆檸檬汁（約 4 湯匙）
- 1/2 片蒜瓣，切細或壓碎
- 2 茶匙酸奶或法國酸乳酪（自由選擇）
- 1 茶匙香菜，切碎（自由選擇）

番茄切碎。把酪梨果肉從皮中挖出來，放入碗中用叉子壓碎。加入檸檬汁、蒜頭、番茄、酸奶或法國酸乳酪（如果有加的話）混合。

撒上切碎的香菜（如果有加的話），立刻供食。

☀ 優格和小黃瓜沾棒

這種沾醬和辣咖哩、生的蔬菜棒或鷹嘴豆餡餅一起食用再完美不過了。

材料：·中型的小黃瓜，削皮去籽
　　　·200 公克天然優格（活菌優格）
　　　·1 小顆紅洋蔥，切細
　　　·1 湯匙檸檬汁（或 1 茶匙萊姆汁）
　　　·1～2 湯匙香菜，粗切
　　　·現磨黑胡椒粉

小黃瓜刨絲放入碗中，加入優格、洋蔥、檸檬（或萊姆）汁和香菜，攪拌均勻，加入黑胡椒增添風味，冰涼後再供食。

你可以這樣做

☙ 要和咖哩一起供食時，可以加入 1/4 茶匙的研磨小茴香，或是 1 小撮研磨的肉荳蔻、肉桂或是小荳蔻。

☙ 和鷹嘴豆餡餅一起當做沾醬供食時，可以嘗試加入 2 瓣蒜頭（切細或是壓碎），並用切碎的新鮮薄荷或蒔蘿取代香菜。

秘訣：一整條小黃瓜比較容易刨絲，所以如果你喜歡，可以不要去籽，刨成絲後把水分瀝乾就好。小黃瓜的皮也可以留著不削，這樣還能增添一點色彩和口感。

豆子塗醬

這道塗醬很適合拿來當做沾醬，塗在吐司或米香餅上也很棒。

材料：・435 公克罐頭大紅豆（或 50 公克的乾豆子，
　　　　預先煮好）
　　　・1 小顆洋蔥，粗切
　　　・1 顆中型的胡蘿蔔，煮好
　　　・1 ～ 2 茶匙番茄泥
　　　・1/2 茶匙乾燥的混合香草料
　　　・2 茶匙蘋果醋
　　　・1 ～ 2 茶匙油

把所有材料放入果汁機或食物處理器中打成滑順的泥（或馬鈴薯壓碎器完全壓碎）。供食前先冰涼一下。

你可以這樣做

🍎 白鳳豆、腰豆或花豆也可以製作。

☀ 鮭魚塗醬

　　這道塗醬非常營養，可以塗在吐司麵包、燕麥餅或米香餅上，加上一點沙拉也可以。

材料：
- 185 公克罐頭鮭魚（油漬或清水）徹底瀝乾
- 200 公克瑞可達乳酪（ricotta cheese）
- 1/2 顆檸檬汁（約 2 湯匙）
- 2 湯匙天然優格（活菌優格）
- 現磨黑胡椒粉

　　把所有材料放入碗中，徹底攪拌，直到滑順，所有材料都要混合均勻（使用果汁機或是食物處理器）。

你可以這樣做

🍎 可以用罐頭的鯖魚、沙丁魚或是鮪魚來製作類似的塗醬，但要把皮和魚骨刺拿掉。

茄子沾醬

　　茄子沾醬（Baba ganoush）拿來當做沾醬最適合不過，但是拿來作為抹醬（塗在吐司或米香餅上）也非常美味，夾在烤馬鈴薯裡面也好吃。

材料：
- 1 條中型茄子（整條）
- 1 顆檸檬汁（約 4 湯匙）
- 1 片蒜瓣，去皮
- 1 湯匙芝麻醬
- 1 小撮辣椒粉（自由選擇）
- 1 小撮研磨小茴香
- 1 小撮現磨黑胡椒粉
- 1 點橄欖油
- 2 茶匙新鮮西洋香菜巴西利，粗切

　　烤箱預熱到攝氏 200 度，烘焙紙上薄薄上一層油。茄子的表面用叉子戳洞，放在烘焙紙上，大約烤30～40分鐘，直到表皮起泡，再烤 15 分鐘後把茄子翻面，烘烤才會均勻。從烤箱中拿出來，放冷、去皮，放進能滴水的有篩容器裡，把水分徹底瀝乾。

　　將瀝乾的茄子切成大塊，放進食物處理器裡，把橄欖油和巴西利之外的所有材料加進去。用果汁機徹底攪拌均勻，也可以用碗和手持攪拌器攪拌。

你可以這樣做

🥄 加入 1 湯匙的天然優格，沾醬會更柔軟滑順。

湯

　　就算一開始湯不是寶寶最容易吃的食物，也不要畏懼，而不拿湯給寶寶嘗試。很多本來就很濃的湯，像是南瓜濃湯，都可以做得更稠，讓寶寶用沾棒也能沾起來吃，你先用湯匙裝好給他也行。有些湯裡可以保留食物塊不要打碎，讓寶寶能夠把那些塊狀食物弄出來吃。你還可以把煮好的飯、麵條或是小塊的麵包放進湯裡，方便寶寶用手撈起來吃。不過，如果寶寶還不習慣用碗，你可能得幫寶寶把碗拿住，或是買可以黏在桌上的吸盤碗給他，這樣湯才不會傾倒出來。把湯放到寶寶面前時，別忘記先檢查一下湯是不是不燙了。

　　煮一大鍋的時間和煮一小鍋時間是一樣的，所以你或許會想煮兩倍分量，剩下的先冷凍起來以後吃。

　　「以前艾席頓喜歡用麵包沾很多不同的湯來吃，不到十五個月大，他就有一半時間會以湯匙喝湯，而剩下的湯則用麵包浸一下來吃。他真的超愛喝湯。」

　　　　　　　　　　　　　　賈姬，兩歲大艾席頓的媽媽

南瓜濃湯

金葫蘆南瓜（或稱冬南瓜，Butternut squash）味美甘甜，口感柔軟，拿來做湯非常理想。不過，這道食譜用其他任何硬的瓜類或南瓜品種來做也可以。

分量：2 個大人和 1 個寶寶
材料：・油或奶油（無鹽），油煎用
　　　・1 顆中型洋蔥，切細
　　　・1 顆中型金葫蘆南瓜，去皮去籽切成丁
　　　・1 片蒜瓣，切細或壓碎
　　　・1 茶匙印度綜合香料瑪撒拉（garam masala）
　　　・1 茶匙研磨小茴香 （自由選擇）
　　　・500 ～ 600 毫升雞肉或是蔬菜高湯（低鹽或自家製）
　　　・現磨黑胡椒粉， 增添風味

大鍋中熱油或奶油，加入洋蔥炒軟。再加入南瓜、蒜頭、印度綜合香料和小茴香，小火炒幾分鐘，不斷攪拌，這樣鍋底才不會黏東西或是燒焦。加入高湯，煮滾，蓋上蓋子燜 30 分鐘。

檢查一下，確定南瓜已經軟了，然後用果汁機或食物處理機攪拌，讓湯變得滑順，加入黑胡椒增添風味。如果湯的濃度還不足以讓寶寶能夠處理，不要蓋蓋子，再煮 5 ～ 10 分鐘。

趁熱吃，裡面要有新鮮麵包或吐司塊。

你可以這樣做

🍲 新鮮的薑刨絲或乾辣椒片都可以加入，讓湯的辛辣味道更足。

🍲 可以把胡蘿蔔或甘藷塊加到南瓜濃湯裡，讓湯的風味更豐富。

☼ 扁豆濃湯

這道濃郁的湯，風味主要來自西班牙臘腸。這種臘腸相當鹹，偶而吃吃可以，不可以天天吃。這道湯品夠濃，足以讓寶寶用沾棒沾很多起來吃。西班牙臘腸可以切成薄長條形，這樣煮的時候會捲起來，寶寶吃的時候會覺得很好玩。

分量：2 個大人和 1 個寶寶
材料：・最多 50 公克西班牙臘腸（切長條）
　　　・油或奶油（無鹽），油煎用
　　　・1/2 中型的洋蔥，切片
　　　・1 片蒜瓣，切細或壓碎
　　　・125 公克扁豆，用冷水徹底洗淨瀝乾
　　　・1 片月桂葉
　　　・500 ～ 600 毫升的水，或是雞湯、蔬菜高湯
　　　　（低鹽或自家製）

西班牙臘腸切成薄的長條形，大約 5 公分長度。

大鍋中熱油或奶油，加入洋蔥炒軟。再加入蒜頭和西班牙臘腸，炒幾分鐘，加入扁豆，煮 1 ～ 2 分鐘。

加入月桂葉，上面倒入足量的水或高湯，水量必須是鍋中材料的三倍。煮滾，加蓋燜煮 45 分鐘，直到扁豆變軟。如果這樣還不夠濃，把鍋蓋拿開，小火再多煮約 5 分鐘。

趁熱和新鮮麵包或吐司塊一起吃。

雞湯

這是一道非常可口的湯品，是利用沒吃完的烤雞製作的。你可以把硬的材料塊留下來給寶寶手拿，也可以把所有材料絞碎，做成滑順的湯品。你可以示範如何把麵包放進裡面沾，或是給寶寶沾好湯的麵包都行。

分量：2 個大人和 1 個寶寶
材料：‧油或奶油（無鹽），油煎用
　　　‧1 小顆洋蔥，切好
　　　‧1 ～ 2 片蒜瓣，切細或壓碎
　　　‧最多 100 公克熟雞肉
　　　‧1 大條胡蘿蔔，切成棒狀或有厚度的扇形
　　　‧1 小條白蘿蔔，切成棒狀或有厚度的扇形
　　　‧1 小根西洋芹菜，切成棒狀
　　　‧1 小把冷凍豆子
　　　‧1 ～ 2 湯匙扁豆（puy beans）或紅扁豆，徹
　　　　冷水洗淨瀝乾
　　　‧1 枝新鮮的百里香（或 1 小撮乾品）
　　　‧現磨黑胡椒粉
　　　‧1 公升雞湯或蔬菜高湯 （低鹽或自家製）

　　大鍋中熱油或奶油，把洋蔥放進去炒軟。加蒜頭，再炒 1 ～ 2 分鐘。放入熟雞肉、準備好的蔬菜、豆子、扁豆、百里香和黑胡椒。倒入高湯，煮滾。轉小火、加蓋燜煮 20 分鐘。

　　用電動攪拌器攪打，或是保留現有樣子，看哪一種讓寶寶方便吃就好。趁溫熱供食，配幾塊新鮮的麵包。

沙拉

大部分沙拉中都含有豐富的維生素與礦物質，對於正在採行 BLW 的寶寶特別好，因為裡面含有許多不同形狀與材質的食材，讓寶寶可以拿起來檢視，並用他們的牙齦和牙齒去測試。

「丹妮爾拉還沒有真的領悟出要怎麼處理沙拉。她興致勃勃，但只是拿一塊塊的沙拉起來玩——她會把葉子拿起來嚼一嚼，但又整片放回去。」

寶拉，三歲大愛麗山卓拉和八個月大丹妮爾拉的媽媽

 生食沙拉

生食沙拉不僅僅只有萵苣、番茄和小黃瓜而已，許多蔬菜，像是胡蘿蔔、甜菜根和櫛瓜都可以生吃（刨絲後寶寶通常就能處理）；水果，如哈密瓜、草莓和橘子（切段或是切塊）等等加上濃稠的沙拉醬汁就非常美味可口。

別期待寶寶一開始就能吃掉很多生的沙拉葉，因為他們還無法有效咀嚼，但是他會馬上想嘗試看看。不過，他或許會更喜歡切成棒狀的小黃瓜或紅椒。生食沙拉的食材必須徹底洗淨，並以 60℃的

熱開水沖淋。想把沙拉的葉菜（像是萵苣、芝麻菜、西洋菜）弄乾時，可以在流理台中甩乾或是放進乾淨的紙巾裡，用沙拉脫水器也可以。

熱食沙拉

簡單、美味的沙拉可以使用許多不同種類的蔬菜製作，無論是熱吃或用室溫食用都好。料理這些沙拉時，只要瀝乾，淋些沙拉醬就可以了。燒烤夏季蔬菜、自家製作或罐頭的大紅豆或白鳳豆、稍微蒸過的四季豆或荷蘭豆以及蒸過或煮過的馬鈴薯（特別是小馬鈴薯）、甜菜根，放在沙拉裡面都是很棒的。

你也可以用煮好放冷的米飯、古斯米或布格麥，加上一些蔬菜水果來製作沙拉。

烤麵包丁

烤麵包丁（Croutons）和很多沙拉都很速配，可以多一種口感讓寶寶嘗試。製作非常簡單，你只需要每人一片麵包，搭配大約 1 湯匙的橄欖油（最好是初榨橄欖油）即可。

烤箱預熱到攝氏 200 度。麵包切成丁（有些可以切成棒狀或小三角形給寶寶），放在烘焙紙上。無論什麼形狀，都塗上橄欖油，然後放入烤箱烤 5 分鐘左右，直到外表呈現金棕色。

馬鈴薯沙拉

對於才剛剛開始學吃離乳食的寶寶來說，這實在是一道很棒的沙拉。你可以把馬鈴薯切成寶寶拿得起來的棒狀或有厚度的扇形，而法國酸乳酪則會讓混合的食材更加黏稠，但不滑手。馬鈴薯沙拉配魚，像是鮭魚和鯖魚特別配。

分量：2 個大人和 1 個寶寶
材料：· 125 毫升法國酸乳酪
　　　· 1/2 ～ 1 片蒜瓣，切細或壓碎
　　　· 1 湯匙切好的新鮮細香蔥
　　　· 現磨黑胡椒粉、增添風味
　　　· 500 公克小馬鈴薯、煮好去皮，放冷切成棒狀或有厚度的扇形
　　　· 1/4 條中型小黃瓜，去皮切成棒狀

把法國酸乳酪、蒜頭、細香蔥和黑胡椒放在一起。加入煮好的馬鈴薯和小黃瓜，充分攪拌。這道沙拉中因為含有法國酸乳酪和蒜頭，所以不必另行添加沙拉醬，直接供食即可。

你可以這樣做

🍃 成年人可能喜歡小黃瓜切成小塊狀，而不要長條的棒狀。如果你想這樣，只要把長條型小黃瓜加到寶寶的沙拉裡就好，其他人的就用切成小塊的小黃瓜。

🍃 細香蔥可以用一些切碎的蒔蘿或巴西利取代。

烤胡蘿蔔、豆子和羊乳酪沙拉

這道沙拉的材料提供很多不同形狀，可以讓寶寶探索一番。如果他才剛剛學習用大拇指和食指把東西拿起來（也就是捏起來），白鳳豆很適合他練手。如果他是 BLW 的初級入門生，那麼他會很喜歡迷你胡蘿蔔和四季豆。

分量：2 個大人和 1 個寶寶
材料：・2 湯匙橄欖油
・500 公克 1 整棵小棵迷你胡蘿蔔（大棵對半切）
・1 枝新鮮的檸檬百里香（自由選擇）
・現磨黑胡椒粉，增添風味
・100 公克四季豆，去絲修頭尾，對半切
・400 公克罐頭白鳳豆洗淨瀝乾（或約 50 公克乾豆子，事先煮好）
・1/2 顆小顆紅洋蔥，切細片
・100 公克菲達羊奶鹹乳酪，壓碎
・1 小把新鮮的薄荷，切好

烤箱預熱到攝氏 220 度。把油放一半到大烤盤上，放到烤箱或瓦斯爐上加熱。把胡蘿蔔放到烤盤上，加入檸檬百里香，輕輕滾動胡蘿蔔，使外表沾上油，撒些黑胡椒放入烤箱烤 20 ～ 30 分鐘，直到胡蘿蔔變軟，料理一半時要轉面。

同時，蒸四季豆，大約 5 分鐘，直到四季豆變軟。立刻用冷開水洗淨，然後徹底瀝乾。

把四季豆、白鳳豆、剩下的油、洋蔥和菲達羊奶鹹乳酪混合在一起，加入黑胡椒增加味道。與熱的胡蘿蔔混合，供食之前撒上薄荷葉。

可直接供食，或是選擇一下想要的醬汁，參見「沾醬和塗醬」。

你可以這樣做

🍃 你可以用蘭開夏乳酪（Lancashire cheese）來取代菲達乳酪，這種乳酪口感類似，但沒那麼鹹。

雞肉凱撒沙拉

這道凱撒沙拉是用切成條狀的雞肉製作的，對剛開始的寶寶再理想不過。傳統的凱撒沙拉會加入鰻魚對寶寶來說太鹹了，但是成人喜歡的話，可以加到他們食用的部分。這道食譜使用的基本法式沙拉醬是本道沙拉的重點，所以我們在這裡會重複說明。

分量：2 個大人和 1 個寶寶
材料：・油或奶油（最好是無鹽奶油），油煎用
　　　・2～3 塊雞胸肉，切成條狀
　　　・2 株（或心的部分）爽脆的萵苣（例如蘿蔓
　　　　生菜或是蘿美生菜），洗乾淨瀝乾
　　　・2 把烤麵包丁
　　　・約 25 公克帕馬森乳酪，刨絲或切成薄片

法式沙拉醬：
　　　・1 片蒜瓣，切細或壓碎
　　　・2 湯匙橄欖油 （最好是初榨橄欖油）
　　　・2 茶匙檸檬汁或是白醋
　　　・現磨黑胡椒粉，增添風味

　　鍋中熱油或奶油，將雞肉條煎 5～10 分鐘，偶而要翻面，直到雞肉完全熟透（切半看一下熟度），然後在廚房紙上把油瀝乾，備用。

　　把所有製作沙拉醬的材料放在一起，徹底混合均勻，並放入一個大碗裡。將萵苣葉放入沙拉醬中。加入雞肉條和烤麵包丁，輕輕混合。

　　這道沙拉上的時候，雞肉可熱可冷，你也可以改用冷的熟雞肉，或是晚餐吃烤雞肉時留下來的熟雞胸肉。不需要其他額外的沙拉醬。將沙拉分到個人的盤子裡，上面放一些帕馬森乳酪。

☀ 柑橘西洋菜沙拉

這道食譜使用的沙拉醬是用蘋果醋製作的，跟橘子特別合味。菊苣有一種獨特的苦味，寶寶可能不喜歡嘗試。這道沙拉對雙手已經有點靈活的寶寶來說很理想，不過就算是剛開始學吃的寶寶也會喜歡自己拿起橘片，享受柑橘混合著沙拉醬的滋味。

分量：2 個大人和 1 個寶寶
材料：・1 顆橘子
　　　・1 棵嫩菊苣
　　　・50 公克西洋菜
　　　・1 湯匙切好的新鮮香菜（自由選擇）

沙拉醬：
　　　・2 湯匙橄欖油（最好是初榨橄欖油）
　　　・2 茶匙蘋果醋
　　　・現磨黑胡椒粉，增添風味

橘子小心剝皮，把所有白色橘絡去掉。把橘子果肉切成塊，或是分瓣。盡量把流出來的橘子汁收集起來，加到沙拉醬裡。

把菊苣的葉子分開，西洋菜掐成短段。將沙拉醬所有材料徹底攪拌均勻，並把收集到的橘子汁都加進去，放到大碗裡。把橘子、菊苣和西洋菜都加進去，淋上沙拉醬拌勻。撒些切碎的香菜在上面即可。

這道沙拉和冷的雞肉或豬肉超搭，也不需要額外的沙拉醬。

你可以這樣做

🥬 如果你覺得菊苣很苦，可以用大白菜取代。

☀ 托斯卡納沙拉

　　這道食譜中的烤青椒非常美味，甘甜又柔軟。這裡的青椒相當滑手，可以給寶寶提供很多練習麻煩材質的機會。豆子對於正在學習用拇指和食指捏東西起來的寶寶正合適！

分量：2 個大人和 1 個寶寶
材料：・1 顆紅色彩椒，剝皮去籽，
　　　　切成 6～8 段長條
　　　・1 顆黃色彩椒，剝皮去籽，切
　　　　成 6～8 段長條
　　　・大約 150 公克的麵包，最好是拖鞋麵包
　　　・沙拉醬，裡面加蒜頭（參見第 136 頁，自由
　　　　選擇）
　　　・3 顆成熟的新鮮番茄，1 顆切成 4 塊
　　　・400 公克罐頭白鳳豆，洗淨瀝乾（或是約
　　　　100 公克乾豆子，預先煮好）
　　　・3～4 顆黑橄欖（油漬），去核切薄片
　　　・1 把新鮮的蘿勒葉，撕碎

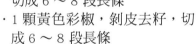

烤箱預熱到高溫。烤彩椒，外皮面朝上，烤約 5 分鐘，這樣外皮就會全部焦掉。放涼之後，把皮去掉，果肉部分切成條狀。

切麵包，給寶寶的切成手指棒狀，給成人的切成丁，放進烤箱烤到略微金棕色，中間要翻一次面（或是使用烤麵包機，烤好之後再切）。把沙拉醬放到沙拉碗裡面，把烤好的彩椒、番茄、白鳳豆、橄欖和蘿勒葉好好拌一下，上面加上烤好的麵包。托斯卡納沙拉搭配羊乳酪或是布利乳酪（Brie）都很適合。

你可以這樣做

- 寶寶如果會吃松子，可以加 2 湯匙的烤松子進去，讓沙拉更添美味，也有不同的口感。

- 酸豆加在這道沙拉中很美味，只是往往太鹹，對寶寶不太合適。不過，大人們喜歡的話，可以加到自己的盤子裡。

☀ 羊奶乳酪沙拉

　　羊奶乳酪有種非常獨特的風味，寶寶試吃的時候可能會覺得有趣，而且這裡有許多食材相當適合剛開始學習自己吃的寶寶，其中包括了軟嫩的去皮烤彩椒。

分量：2 個大人和 1 個寶寶
材料：・1 顆紅色彩椒，剝皮去籽，切成 6 ～ 8 段長條
　　　・200 公克軟的羊乳酪（有時候會標示成 chvre blanc 通常直徑 7 公分左右）
　　　・4 片麵包
　　　・些許橄欖油
　　　・現磨黑胡椒粉
　　　・2 湯匙沙拉醬（法式沙拉醬，另外添加蒜頭就很合適，參見第 135 頁）
　　　・2 ～ 3 把綜合的綠色沙拉葉菜，洗淨瀝乾（萵苣、芝麻葉、西洋菜、菠菜等等）

烤箱預熱到高溫。烤彩椒，外皮面朝上，烤約 5 分鐘，這樣外皮就會全部焦掉，放冷。

將乳酪切成 4 片薄片，用麵包刀將麵包切成大約乳酪直徑大小（7 公分）的圓形。麵包雙面烤，每一片麵包上放一塊乳酪。

在乳酪上細細撒上橄欖油以及一些黑胡椒（增添風味），烤 2 分鐘左右。

同時，把彩椒的皮去掉，果肉部分切成條狀。將沙拉醬放入沙拉碗中，放入沙拉菜葉以及切成條狀的彩椒，和沙拉醬拌勻。

將沙拉放在寬的平盤中，把羊乳酪放在麵包的上面。趁羊乳酪還溫熱的時候吃。麵包可以切成楔形或是手指大小，方便寶寶吃。

☀ 多彩什錦炒蔬菜沙拉

這道美味的沙拉色彩繽紛，食材的口感豐富，很適合寶寶探索一番，對於剛在長出牙來，要開始享受爽脆食材口感的寶寶來說更是特別好。

分量：2 個大人和 1 個寶寶

材料：· 2 把綜合綠色沙拉葉菜，洗淨瀝乾（即萵苣、芝麻葉、西洋菜、菠菜、水菜，日本沙拉菜）

· 1/2 顆橙色彩椒，剝皮去籽，切成 6 ～ 8 段長條

· 1/2 顆黃色彩椒，剝皮去籽，切成 6 ～ 8 段長條

· 6 顆小番茄，切對半

· 1/2 顆中型酪梨，去核

· 些許麻油，炒菜用

· 1/2 湯匙芥末籽（自由選擇）

· 6 根玉米筍，切成一半長度

· 1 顆中型甜菜根（生的），去皮，切成 5 公分左右的長條

· 1 條中等大小胡蘿蔔，切成 5 公分左右的長條

　　把沙拉葉放進大的沙拉碗中，將彩椒和番茄加進去。酪梨果肉切成 5 公分左右的條狀，留一點皮，讓寶寶比較好握，加入有彩椒和番茄的碗中。

　　大鍋燒熱（炒鍋最好）等到鍋子溫度很高的時候，將油和芥末籽加進去。當種籽開始又爆又跳的時候，把玉米筍、甜菜根和胡蘿蔔加進去，炒幾分鐘。鍋子要維持在高熱的程度，蔬菜則繼續翻動炒著。煮到蔬菜略軟（如果寶寶還沒長牙，就再軟一點），然後盛到沙拉碗裡。

　　這道沙拉如果有烤麵包丁和一點點麻油襯托，會更加美味。

你可以這樣做

🍎 把 1 湯匙的烤芝麻加到沙拉裡，沙拉會增添一種獨特的風味。

☀ 乳酪鮪魚及甜玉米義大利麵沙拉

這是一道很適合 BLW 寶寶的食譜，因為鮪魚和乳酪會緊緊黏附在麵條上，所以寶寶很容易吃。當寶寶正在學習捏的技巧時，會很喜歡拿甜玉米來練手的。

分量：2 個大人和 1 個寶寶
材料：・225 公克麵條（螺旋細麵 fusilli 最佳）
　　　・185 公克罐頭鮪魚（油漬或清水泡）
　　　・202 公克罐頭甜玉米
　　　・50 ～ 75 公克奶油乳酪，例如美國費城乳
　　　　酪 Philadelphia 或是義大利馬斯卡波尼乳酪
　　　　Mascarpone

根據包裝上的指示，用一鍋沸水煮麵，煮好後瀝乾，用冷水沖洗，再次瀝乾，放涼。

同時，將鮪魚剝成片狀，加入甜玉米和奶油乳酪，攪拌均勻。加入放涼的義大利麵，攪拌混合。馬上供食，或是放到冷藏庫，稍後食用。

這道菜應該要冷食，如果額外加一些小黃瓜棒、切成條狀的彩椒（紅色、橘色、黃色或綠色）以及番茄切成扇型（小番茄則切對半），滋味將會更鮮美。

沙拉醬

　　大多數的沙拉只要淋上一點品質優良的初榨橄欖油並撒些黑胡椒就可以上桌食用了，但是許多沙拉還是可以淋上優質的沙拉醬汁。以下介紹的基本醬汁可以搭配大多數的沙拉食用。混合這些材料最簡單的方法就是把所有食材都放入一個小罐子裡，蓋上蓋子，用力搖晃（兩次使用之間，油與材料會分開，只要重新搖晃一下混合就行了）。

　　沙拉醬放在冰箱冷藏，通常可以保存一個禮拜。所以一次做足幾次沙拉的用量是個好主意。

　　注意：不推薦寶寶食用美乃滋，因為大多數的美乃滋品牌都含有生蛋。不過，無蛋的美乃滋在一些大型超市或是健康食品店也有販售。

檸檬橄欖油沙拉醬

　　把 2 湯匙的橄欖油 （最好是初榨橄欖油）加上 1 顆檸檬汁（大約 4 湯匙）。喜歡的話，還可以加入 1～2 茶匙切碎的新鮮薄荷或磨一點鮮薑進去。

法式沙拉醬

把 2 湯匙橄欖油 （最好是初榨橄欖油） 混合 2 茶匙的檸檬汁或是白酒醋（紅酒醋也可以）以及些許現磨黑胡椒粉以增添風味。你也可以加入 1 茶匙的法國迪戎芥末醬（Dijon mustard），或顆粒芥末、1～2 片壓碎的蒜瓣或是 2 茶匙切碎的新鮮香草料，例如細香蔥、薄荷或是巴西利和百里香。

葡萄酒醋沙拉醬

將 2 湯匙的義大利陳年紅葡萄醋（Balsamic vinegar，巴薩米可醋）加入 3～4 湯匙橄欖油 （最好是初榨橄欖油），喜歡的話，還可以加入 1 湯匙切細的新鮮羅勒葉或香菜。

酸奶油沙拉醬

將 140 毫升盒裝的酸奶油（Soured cream）或天然優格加入 2 湯匙的白醋、1/4 顆切細的洋蔥，和 1 小撮現磨黑胡椒粉（這道沙拉醬搭配馬鈴薯或是甜菜根沙拉尤為合適）。

主菜：肉類

肉類是寶寶容易吃的初食，特別是肉質軟嫩的部分。燉肉和慢火煮的菜餚最為理想，而自家製的香腸、漢堡和肉餅也是方便讓寶寶拿起來咀嚼的食物。

自家製牛肉漢堡

這些美味的漢堡可比外面賣的速食版漢堡健康多了，而且料理的時候還可以切成扇形，讓寶寶拿取更為方便。這種漢堡可以和漢堡麵包或是英式鬆餅及番茄切片、生洋蔥、番茄沙拉一起吃，也可以和切成扇形的馬鈴薯或古斯米，配著蔬菜或沙拉一起吃。

分量：1 個大人和 1 個寶寶
材料：・500 公克 瘦牛絞肉
　　　・1 顆小的洋蔥，切細
　　　・1 顆蛋，打散
　　　・1 茶匙迪戎芥末醬（自由選擇）
　　　・1 湯匙新鮮巴西利或香菜，切碎（自由選擇）
　　　・油，煎炒用（有需要的話）

將所有材料放入碗中徹底攪拌均勻。把混合的材料做成網球大小的丸子（手上沾麵粉或打溼，比較不會沾黏），然後壓平做成漢堡肉，並確定所有漢堡肉厚度都相當。如果時間足夠，請把漢堡肉密封，放到冷藏庫冰約 1 個小時，讓肉質更扎實（或冰到要料理的時候）。

煎餅淺鍋或平底鍋加熱，有需要的話加油進去，把漢堡肉的兩面各煎 5 ～ 8 分鐘， 如果是用煎餅淺鍋來煎，要把肉壓一下，直到肉熟透（切半檢查看看是否熟透了──全熟肉的不會出現粉紅色）。趁熱供食。

青花菜炒牛肉

「路西恩還只長出兩顆牙，但是他會在肉條或肉塊上吸來吸去、咀嚼並且把碎塊吐出來。有兩個禮拜左右，他幾乎除了肉之外，什麼也不要。」

珍，十一個月大路西恩的媽媽

這道菜很適合剛開始學習自己吃的寶寶，而且煮起來很快──如果你趕時間，牛肉不必先醃過（記住，處理過生辣椒之後要洗手，因為辣椒汁刺激性很強）。

分量：1 個大人和 1 個寶寶

材料：·300 公克瘦牛排肉

· 2 瓣蒜頭，切細或壓碎

· 3 ～ 4 公分新鮮薑塊，去皮並切成薄片

· 1/4 條紅辣椒，切碎 （去籽、除心）或乾辣椒片，增添風味（自由選擇）

· 3 ～ 4 根青蔥，切成薄片

· 1 湯匙新鮮香菜，切碎 （自由選擇）

· 1 湯匙麻油

· 4 ～ 5 小株青花菜，切成對半

· 油，炒菜用

將牛肉切成薄條狀，放進大碗裡，放入蒜頭 、薑、辣椒、青蔥和一半的香菜。

加入麻油，好好攪拌一下。蓋上蓋子，醃兩個鐘頭。

青花菜稍微蒸或燙一下。炒鍋燒得很熱，再倒入一點油。將醃製好的食材放到炒菜鍋中，再把青花菜放進去炒約 2 ～ 3 分鐘，炒的時候要一直讓鍋子保持在高熱的狀態。

把剩下的香菜撒上去，立刻供食（給寶寶的要放冷），可以加麵或米飯，搭配綠色蔬菜一起吃。

你可以這樣做

☙ 成人吃這道菜的時候，可能會喜歡放一點醬油。當牛肉和蔬菜熟了以後，先將寶寶的部分盛起來，再加一點醬油進去翻炒即可。

☀ 辣豆子燉牛肉

　　這是一道許多家庭都非常喜歡的菜色，既有飽足感味道又好，而且作法很容易。這道菜的適用度極高，就算才剛剛施行 BLW 的寶寶要有大塊食物才會抓也行。只要在料理時讓肉結成小糰，不要弄散，寶寶就能握住碎肉糰送到嘴巴了。把洋蔥切成扇形，也會讓洋蔥塊比較容易握得住。第一次做這道菜的時候，放辣椒要有節制，直到你了解寶寶喜歡的辣度。辣豆子燉牛肉在冰箱冷藏一晚後第二天吃，滋味更好，所以擬菜單的時候可以記住這一點。供食前，請務必徹底加熱過。

分量：1 個大人和 1 個寶寶
材料：・油，炒菜用
　　　・2 顆中型洋蔥，切成扇形或切碎
　　　・250 公克瘦牛絞肉
　　　・1/4～1/2 茶匙壓碎的乾辣椒片（或辣椒粉），
　　　　增添風味（自由選擇）
　　　・1 瓣蒜頭，切細或壓碎
　　　・1/2 茶匙研磨的小茴香（孜然）
　　　・1 顆小型的胡蘿蔔，刨絲（自由選擇）
　　　・1 支西洋芹菜，切細（自由選擇）
　　　・400 公克罐頭番茄，切碎
　　　・400 公克罐頭大紅豆，瀝乾並洗淨（或大約
　　　　100 公克乾豆子，預先煮好）

炒鍋入油加熱，加入洋蔥，炒至剛開始變軟時，倒入絞肉，炒至呈金棕色，需要的話翻面，讓肉保持一大糰。放入辣椒片、蒜頭、小茴香、胡蘿蔔和西洋芹菜，再炒 1 ～ 2 分鐘。

加入番茄，好好攪拌，然後燜煮 35 ～ 40 分鐘。

加入大紅豆，好好攪拌。再煮 10 分鐘，讓豆子徹底加熱。

趁熱供食，可和米飯（或古斯米）以及沙拉一起食用。旁邊放酸奶油沾醬或酪梨莎莎醬（guacamole）也好吃，你可以準備好一些冷的天然優格，萬一炒得太辣，還可以給寶寶一些優格中和一下。

☀ 洋蔥燉牛肉

「我們吃很多燉菜──哈利喜歡看到自己有什麼，並拿他想要的東西。直到現在，他還是不喜歡太多東西混在一起。」

愛麗森，兩歲大哈利的媽媽

分量：1 個大人和 1 個寶寶

材料：・油，炒菜用

・2 顆中型洋蔥，切成扇形

・350 公克瘦牛排肉，燜燒或燉煮，切成適合
寶寶的手指條狀

・1 顆中型胡蘿蔔，切成適合寶寶的棒狀

・450 毫升牛肉或蔬菜高湯（低鹽或自家製）

・1 把綜合香料束（奧勒岡、百里香、薄荷、
月桂葉 bouquet garni）

・現磨黑胡椒，增添風味

・約 1 湯匙玉米粉

鍋中入油加熱，放入洋蔥和牛肉塊小火煎，偶而要把牛肉翻面，直到牛肉各個面都呈現金棕色，洋蔥也開始變軟。加入胡蘿蔔、高湯、綜合香料束和黑胡椒，煮滾。加上蓋子，燜煮 1 ～ 2 個小時，直到肉變得軟嫩。

煮到快好的時候，把綜合香料束取出來，開大火。取出 2 湯匙的高湯，用玉米粉調開，再加幾湯匙高湯，然後把加了玉米粉的高湯放回鍋中勾芡，煮 3 ～ 5 分鐘，輕輕攪拌，直到湯汁變濃稠。

趁熱和餃子或麵包、馬鈴薯和綠色蔬菜一起供食。

你可以這樣做

❧ 你還可以加入洋菇、馬鈴薯、白蘿蔔（或蕪菁），
和胡蘿蔔，或是以蕪菁取代胡蘿蔔，味道也很好。甘
藷、南瓜以及櫛瓜也不錯——這幾種要晚一點加，這樣才不
會煮化了。

匈牙利燉牛肉

這道傳統的匈牙利佳餚是以小火慢燉的牛肉為基礎，寶寶容易咀嚼，對剛採取 BLW 的寶寶很合適。如果你想放更多蔬菜進去，可以在進烤箱之前，加入切成薄片的胡蘿蔔、馬鈴薯或白蘿蔔。

分量：1 個大人和 1 個寶寶
材料：・油，炒菜用
　　　・1 顆中型洋蔥，切成扇形
　　　・1/2 顆青椒，去籽並切成條狀
　　　・350 公克瘦牛肉，燜燒或燉煮，切成條狀
　　　・1 ～ 2 茶匙匈牙利紅椒粉
　　　・2 湯匙番茄磨泥
　　　・2 湯匙中筋麵粉
　　　・1 小撮磨碎的肉荳蔻
　　　・1 小撮現磨黑胡椒
　　　・約 250 毫升牛肉或蔬菜高湯（低鹽或自家製）
　　　・1 大顆番茄，去皮，粗切
　　　・1 把綜合香料束
　　　・100 毫升酸奶油（自由選擇）
　　　・1 湯匙新鮮巴西利或細香蔥，切碎（自由選擇）

將烤箱預熱到攝氏 160 度。 鍋中熱油，放入洋蔥和青椒，炒到開始變軟，加入牛肉，煮 3 ～ 5 分鐘，直到牛肉全部變成金棕色。加入匈牙利紅椒粉，小火煮 1 分鐘。把番茄泥、麵粉、肉荳蔻和黑胡椒拌入，再煮 3 分鐘。

　　倒入一半的高湯，把番茄、綜合香料束放入煮滾。攪拌直到湯變濃稠，再加入更多高湯將醬汁調整成你要的濃稠度。將所有材料放入砂鍋中（要有蓋子的），用烤箱烤 1.5 ～ 2 小時。

　　取出綜合香料束，加入一小坨酸奶油，供食之前，撒上切碎的巴西利或細香蔥。趁熱供食，加入 1 茶匙香菜籽、馬鈴薯或米飯、以及蔬菜製作的餃子一起供食。

絞肉條

　　絞肉條是很適合 BLW 寶寶的一道菜餚，因為煮好之後，絞肉會黏成一條，寶寶可以完美的握住，而且吃的時候肉質柔軟濕潤。你可以採用合你胃口的調味料，或撒些伍斯特辣醋醬（Worcestershire sauce）讓食物增添特殊風味。

分量：1 個大人和 1 個寶寶
材料：·油，塗抹用
　　　·450 公克瘦牛絞肉
　　　·100 公克品質優良香腸肉（或從你喜歡的香腸中把肉擠出來）
　　　·1 顆中型洋蔥，切細
　　　·2 湯匙番茄磨泥（自由選擇）
　　　·100 公克新鮮麵包屑
　　　·1 茶匙乾的綜合香草料
　　　·現磨黑胡椒，增添風味
　　　·1 顆中型的胡蘿蔔，磨碎 （自由選擇）
　　　·1 支西洋芹菜棒， 切細 （自由選擇）
　　　·1 顆蛋，打散

將烤箱預熱到攝氏 180 度。在 450 公克的長形烤模內塗上一層薄薄的油。把牛肉、香腸肉、洋蔥、番茄泥、麵包屑、香草、黑胡椒、胡蘿蔔碎丁和芹菜細丁放進一個大碗裡，好好攪拌。

加入 1 顆蛋，徹底攪拌均勻，用雙手擠壓這些混合材料（手上先撒點麵粉或打溼可以讓手不沾黏）。把混合的材料放入烤模中，往下壓緊，上面覆蓋鋁箔。放進烤箱烤約 1 個鐘頭，或烤到絞肉條開始從烤模兩邊剝離。

將絞肉條從烤模中取出、切片，趁熱與綠色蔬菜或沙拉一起供食。如果你想吃冷食，可以等肉放涼以後再切。

你可以這樣做

- 如果你想要絞肉條的肉質變得非常滑順，可以用果汁機或食物處理器先攪拌過。
- 剩下來的肉可以和番茄為底的醬汁混合，和義大利麵一起食用。

番茄燉肉丸

寶寶可以很輕易地抓起肉丸，而且肉丸子好吃又柔軟。

分量：1 個大人和 1 個寶寶

材料：

肉丸部分：

- · 500 公克瘦牛絞肉
- · 1 顆蛋，打散
- · 2～3 瓣蒜頭，切細或壓碎
- · 1 茶匙乾綜合香草料或奧勒岡葉
- · 2 湯匙新鮮巴西利，切碎
- · 1 湯匙義大利葡萄醋
- · 25～50 公克麵包屑 （1 片麵包）
- · 油，炒菜用 （有需要的話）

番茄醬：

- · 1 顆中型洋蔥 ，切細
- · 1～2 瓣蒜頭，切碎
- · 1 湯匙新鮮番茄磨泥
- · 400 公克切碎罐頭番茄或 400 毫升的義大利番茄泥（passata）
- · 1 把新鮮羅勒葉，撕碎
- · 1 小撮現磨黑胡椒，增添風味

將所有製作肉丸的材料放進碗裡（除了油以外），用雙手（或用食物調理器）混合。將混合的材料做成高爾夫球大小的肉丸。如果有時間，放進冰箱冷藏 1 個鐘頭左右，讓肉質變扎實。

鍋中熱油， 把肉丸放進去，慢火煎到整顆肉丸呈現金棕色，必要的時候要翻面。把肉丸從鍋中取出放在漏杓裡（將油瀝掉），放置一旁備用。鍋子重新開火，加進洋蔥，小火炒幾分鐘，然後加入蒜頭，煮到洋蔥變軟。把新鮮番茄泥加入攪拌，然後再加入番茄、一半的羅勒以及黑胡椒，好好攪拌一下，煮滾。把肉丸倒回鍋中，蓋上蓋子，燜煮 10 ～ 15 分鐘 ，直到醬汁收乾變濃，肉丸完全煮透（把其中一顆切半，檢查看看是否熟透了——全熟肉不會出現粉紅色）。

趁熱供食，可以配上義大利麵、米飯或古斯米， 把剩下的羅勒葉撒在上面。

你可以這樣做

- 喜歡的話，可以用 6 ～ 8 顆成熟的聖女小番茄來取代罐頭番茄（或用 15 顆櫻桃小番茄）。把小番茄燙一燙，去皮並切碎。
- 可以嘗試用羊絞肉、豬絞肉、或半豬半牛絞肉來製作肉丸。
- 加入 1 湯匙的帕馬森乳酪到肉丸子的混合材料裡，可以讓丸子多一種特殊風味。

牧羊人派

　　這是一道英倫傳統的家庭美食，在寒冷的冬夜吃再完美不過了。你家寶寶只要能自主打開拳頭，就可以享用這道菜餚，不需要那些突出於拳頭之外的食物棒子。如果他能力未及，可以用蒸過的蔬菜棒子一起供食，牧羊人派則可以讓他玩一玩。

分量：1 個大人和 1 個寶寶
材料：・450 公克馬鈴薯，去皮並切成塊狀
　　　・約 150 毫升的牛奶
　　　・1 大條胡蘿蔔，切片
　　　・30 ～ 40 公克蕪菁，切碎
　　　・1 支西洋芹菜，切碎
　　　・300 毫升羊肉或蔬菜高湯（低鹽或自家製）
　　　・油，炒菜用
　　　・1 顆中型洋蔥，切細
　　　・300 公克瘦羊絞肉
　　　・1 湯匙中筋麵粉
　　　・1 湯匙新鮮番茄磨泥
　　　・些許伍斯特辣醋醬（自由選擇）
　　　・1 湯匙新鮮迷迭香或百里香（或 1 茶匙乾的
　　　　迷迭香或百里香）切碎
　　　・80 公克（大杯的一半多一點點）冷凍豌豆
　　　・25 公克奶油 （無鹽）
　　　・50 公克乳酪， 刨絲 （自由選擇）
　　　・現磨黑胡椒，增添風味

將烤箱預熱到攝氏 180 度。將馬鈴薯放入鍋中，加入足量的牛奶，大約是馬鈴薯的一半高度以上，煮滾後，加蓋燜煮 20 ～ 30 分鐘，直到馬鈴薯變軟。

　　同時，將胡蘿蔔、蕪菁、芹菜及高湯放入另一個鍋子裡煮滾。蓋上蓋子燜煮至蔬菜軟嫩，撈起放在漏杓上，放置一旁，高湯保留，等一下要再用。

　　鍋中入油燒熱，加入洋蔥，炒至洋蔥變軟。加入絞肉，煮 3 ～ 5 分鐘，並經常翻面。一邊翻時，如果絞肉有結塊就弄散（若寶寶還小，也可以留著，方便讓寶寶抓取）。

　　把麵粉拌入攪拌，確定麵粉沒有結成一糰，慢慢地加入一半的高湯，並一直攪動。將新鮮的番茄泥和伍斯特辣醋醬加入攪拌，再把蔬菜、迷迭香或百里香以及豆子加進去，好好拌勻。

　　把混合的食材煮滾，小火燜煮 10 分鐘。

　　當所有食材變得濃稠後，倒入更多的高湯，直到達到你想要的濃稠度。

　　將奶油加入正在烹煮中的馬鈴薯和牛奶裡，並搗糊。

　　把混合的肉和材料放入烤盤上，上面塗上搗糊的馬鈴薯，撒上刨絲的乳酪和些許黑胡椒，並將此菜放進烤箱裡，烘烤 25 ～ 30 分鐘。趁熱供食，配上一些蔬菜。

你可以這樣做

☙ 雖說正宗的牧羊人派是用羊肉製作的，但是這個食譜使用牛絞肉
（這樣稱作鄉村派）也很好吃。

☙ 如果使用牛肉製作，將迷迭香換成乾的綜合香草料，而羊肉高湯
也改成自家製的或低鹽牛肉 （或蔬菜）高湯。

☀ 羊肉及薄荷香腸

一般來說，在外面店家買的香腸，必須先把外皮去掉，這樣寶寶才能安全地食用。這些剝皮的香腸，形狀很適合剛開始 BLW 練習。如果你有時間，料理之前先放到冷藏冰 1 個小時左右，讓肉感更扎實（或冰到你要料理的時候）。這些香腸用油炸的比烘烤更美味！

分量：1 個大人和 1 個寶寶
材料：・約 80 公克豆子（大杯的一半多一點）
　　　・1/2 棵中等大小的細香蔥，切細
　　　・250 公克碎羊肉
　　　・2 茶匙新鮮的薄荷草，切碎（或 1 茶匙乾品）
　　　・1 茶匙乾綜合香草料
　　　・現磨黑胡椒，增添風味

將烤箱預熱到攝氏 220 度。輕輕在烘焙紙上塗上一層薄油。用蒸、煮或微波爐來料理豆子和細香蔥，然後瀝乾。把豆子和細香蔥壓碎或用果汁機攪打，做成蔬菜泥。把羊肉放進去拌勻，加入香料和黑胡椒，然後好好拌勻。

將混合的食材做成小香腸的手指狀，適合寶寶拿取（手上沾麵粉或打濕，比較不會沾黏），做好的小香腸肉放在烘焙紙上，放進烤箱烤大約 25 分鐘，直到完全熟透（把其中一條切半，檢查看看是否熟透了——全熟肉的不會出現粉紅色）。

☼ 羊肉塔吉

　　這道摩洛哥菜的傳統作法是把食材裝在一種特殊的鍋子，叫做塔吉鍋（tagine），在爐子上細火慢煮，沒有這種鍋，用有蓋子的鍋或是砂鍋也可以。你也可以用烤箱（或燉鍋）來做。杏桃的甜度和羊肉的柔嫩，加上豐富的綜合辛香料，可以讓你家寶寶好好去發掘一個全新的美味範疇。

分量：1 個大人和 1 個寶寶
材料：・油，炒菜用
　　　・1 顆中型洋蔥，切成扇形或切細
　　　・2 瓣蒜頭，切細或壓碎
　　　・3 ～ 4 公分長的新鮮薑塊，去皮磨碎或切碎
　　　・300 公克瘦羊肉，切成條狀
　　　・1 茶匙匈牙利紅椒粉
　　　・1 茶匙薑黃
　　　・1 茶匙研磨的肉桂
　　　・1 茶匙香菜籽，壓碎
　　　・1/4 茶匙匈牙利紅椒粉（cayenne pepper）
　　　・1 小撮番紅花（saffron，自由選擇）
　　　・1 小撮現磨黑胡椒
　　　・2 ～ 3 顆中型番茄，粗切
　　　・6 ～ 8 顆杏桃乾或李乾
　　　・1 湯匙小葡萄乾（sultanas）或一般葡萄乾
　　　・約 200 毫升的羊肉或蔬菜高湯（低鹽或自家製）
　　　・1 湯匙新鮮香菜，切碎（自由選擇）

將烤箱預熱到攝氏160度。鍋中熱油（最好用不怕火燒的砂鍋，這樣下一個階段就不必換鍋了）加入洋蔥，小火炒至洋蔥變軟。加入蒜頭和薑，再炒1～2分鐘。加入羊肉並繼續用小火炒，直到羊肉每一面都呈金棕色。

把所有乾的辛香料和黑胡椒都混合在一起，加進到鍋裡去，再炒2分鐘，加入番茄和杏桃乾，並完全加熱。

炒鍋加上蓋子（或將所有材料移到砂鍋中）並加入足量的高湯，把所有的材料都淹蓋住。將砂鍋放入烤箱，大約烤 2 小時，烤至一半時間時，徹底攪拌一下。

秘訣：如果食譜上的辛香料準備不全，也不必因此而延宕不做，你只要將食譜所列，而手上恰好有的香料都拿來用，就能做成一道美味的佳餚。

供食之前撒上新鮮的香菜，熱著吃，可以加上原味的古斯米或米飯（擠一點檸檬汁或萊姆汁上去），配上蒸的四季豆或沙拉。

辣羊肉餡餅

這些美味的餡餅入口即溶，對剛剛開始離乳的寶寶來說，再完美不過了。如果你沒時間準備荳蔻和丁香，可以用 2 茶匙磨好的荳蔻和 1 茶匙研磨的丁香來取代。

分量：1 個大人和 1 個寶寶
材料：‧12 ～ 15 顆荳蔻莢
　　　‧8 顆丁香
　　　‧500 公克瘦羊絞肉
　　　‧4 ～ 5 公分長的新鮮薑塊，去皮並磨碎或切細
　　　‧1/2 茶匙薑黃
　　　‧1/2 茶匙研磨的小茴香（孜然）
　　　‧大約 1/2 茶匙辣椒粉，分量依個人口味（自由選擇）
　　　‧30 ～ 50 公克麵包屑（1 片麵包）
　　　‧1 顆蛋，打散
　　　‧2 湯匙濃郁的天然優格
　　　‧油，炒菜用 （自由選擇）

用小刀切開荳蔻莢，並將種子和丁香一起放入研缽，研磨成粉狀（用電動磨豆機磨也可以）。

把香料粉移到大碗裡，並把除了蛋、優格和油之外的所有材料都放進去，攪拌均勻。加入蛋和優格並徹底攪拌均勻， 這樣所有材料就能黏在一起了。

將混合的材料做成小肉餅形狀（手上沾麵粉或打溼，比較不會沾黏），要確定每一顆的厚度都差不多。如果你有時間，將肉餅密封後放到冷藏冰 1 個鐘頭左右，讓肉感更扎實。

　　鍋子加熱，放入一點油。肉餅每一面煎 5 ～ 10 分鐘，直到熟透，顏色變成金棕色。

　　趁熱供食，和沙拉、古斯米和烤蔬菜或米飯一起吃。

約克夏香腸布丁

　　這道英國傳統菜餚，許多家庭都很喜歡。英文有個名稱叫做洞裡的蟾蜍。

分量：1 個大人和 1 個寶寶
材料：・125 公克中筋麵粉
　　　・1 小撮現磨黑胡椒（自由選擇）
　　　・1 ～ 2 顆蛋（2 顆牛奶麵糊風味會濃郁些）
　　　・300 毫升牛奶（或是一半水、一半牛奶）
　　　・3 湯匙橄欖油
　　　・6 ～ 8 條優質的中、小條香腸（最好是香草香腸）

秘訣：這道菜烤好後，把寶寶要吃的香腸長度切成一半，不僅涼得快，他要拿起來吃也方便些。

將麵粉放入攪拌缸裡，加入黑胡椒。中間挖一個洞，把蛋打進去。倒入一半的牛奶（或是半奶半水的奶水）。把所有材料攪拌在一起，從中間開始，往外逐漸把麵粉混合進去。慢慢加入剩下的牛奶或奶水，並繼續攪打，直到所有結成糰塊的部分都不見。這時候麵糊的濃稠度應該和喝咖啡用的鮮奶油（single cream）差不多（如果用 2 顆蛋會比咖啡用鮮奶油濃稠一點，double cream）。將麵糰放入冰箱冷藏至少 15 分鐘。同時，將烤箱預熱到攝氏 220 度。

將橄欖油倒入一個淺的烤盤裡（大約 20 x 28 公分，4 公分深）並放入烤箱，直到油冒出煙。

把香腸排進烤盤中，中間空隙要均勻，把麵糊倒到香腸的周圍。把烤盤放回烤箱，烘烤 25 ～ 30 分鐘，直到麵糊膨脹並變成金黃色（初期千萬別把烤箱門打開，不然麵糊會蹋陷下去）。

約克夏香腸布丁從烤箱拿出來後立刻食用最好吃（寶寶的要放涼）。給寶寶吃的，香腸的外皮要去掉，和你自選的蔬菜一起吃，蔬菜最好是蒸的。

你可以這樣做

🍴 加入最多 1 湯匙的芥末醬到麵糊中，可以讓麵糰多一種刺激的口味。

☀ 經典燒烤晚餐菜

燒烤晚餐，加上大量蔬菜和自家製肉汁醬就是經典的英倫家常晚餐。吃的時候佐以約克夏布丁和辣根醬汁（horseradish sauce，搭配牛肉）、蘋果醬汁（搭配豬肉）、薄荷醬汁（搭配羊肉）、或填塞料（搭配雞肉），燒烤晚餐能讓你和寶寶可以嘗試多種口味。

馬鈴薯和蔬菜，例如甘藷、胡蘿蔔和白蘿蔔都是可以搭配肉類進行燒烤的。其他的蔬菜、填塞料、醬汁、肉汁醬和約克夏布丁在「醒肉」的時候可以進行料理。

分量：1 個大人和 1 個寶寶
材料：・1 大塊肉，約 1 公斤，如果帶骨可以更多，
　　　　或 1 隻小型的雞（選擇有機養殖的）
　　　・燒烤用馬鈴薯（自由選擇）
　　　・2 大球蒜頭（未曾去皮），切成對半
　　　・約 2 湯匙的油（如果肉上面一層厚厚的脂肪
　　　　那就少一點）
　　　・些許現磨黑胡椒
　　　・**牛肉**：1 小把新鮮的百里香、迷迭香、月桂
　　　　葉或鼠尾草
　　　・**豬肉**：1 小把新鮮的百里香、迷迭香、月桂
　　　　葉或鼠尾草
　　　・**羊肉**：1 小把新鮮迷迭香或薄荷
　　　・**雞肉**：2 顆未上蠟的檸檬，對半切；50 公克
　　　　奶油（無鹽）或 2～3 湯匙的油、1 小把新
　　　　鮮的迷迭香和 6 片月桂葉

燒烤之前半個鐘頭，把肉從冷藏拿出來。如果是雞的話，檢查看看體腔內還有沒有殘留的內臟。如果你想塞食材進去，現在就塞。你也可以把兩個切半的檸檬用刀刺幾下，放進雞的體腔裡，並加 1 片月桂、幾小枝迷迭香和半球的蒜頭進去。雞胸和雞腿上用奶油或油揉一揉。

如果想要豬肉口感酥脆，用一把尖銳的刀子深深地劃進皮裡，成條狀，然後用油揉一揉。

存放：如果烘烤時間超過 1.5 小時，馬鈴薯要晚一點放進烤箱，才不會過熟。

你可以用之前菜餚中沒吃完的肉，像是咖哩、炸肉丸（rissoles）、沙拉和湯裡面的肉來做高湯。任何骨頭都可以拿來熬高湯。

如果材料外包裝上沒有文字說明料理時間，把肉秤一下重（如果有填塞物，也要包括）並計算一下需要烤多久（參見右頁）。 將烤箱預熱到至少攝氏 190 度。

如果是烤馬鈴薯，把馬鈴薯放到烤盤上，加上剩下的蒜頭和香草，並在上面塗上一層薄薄的油。把肉放在烤盤中間，將有脂肪或是奶油的一面朝上，並加上黑胡椒。將烤盤用鋁箔封住，並放入烤箱的中間，依照建議時間烘烤。同時，你可以開始動手準備要蒸或要煮的蔬菜、製作約克夏布丁麵糊以及綜合的填充料（如果你要分開供食的話）。

大約烘烤完成前 30 分鐘，把鋁箔拿出來。用烤盤上的熱油脂來塗肉和馬鈴薯。

要檢查肉熟了沒，可以把叉子插進肉最厚的地方（雞肉的話就是雞腿），並檢查流出來肉汁的情況。熟的豬肉和雞肉，肉汁應該是完全清澈的；羊肉和牛肉就算中央部分有一點點「生」，吃起來也是安全的，所以肉汁可能會帶一點點粉紅，但不會是紅色。如果懷疑太生的話，可以多烤一下（不過你得先把烤馬鈴薯拿出來才不會燒焦）。

肉熟了之後，從烤盤上取出來（蒜頭不要了），放在砧板或切肉盤上。用鋁箔和茶巾蓋住，「醒」30 分鐘 （讓肉質變得柔嫩，容易切）。此時將馬鈴薯放回烤箱底部，開始料理所有的約克夏布丁、填塞食材和其他蔬菜，並利用烤盤上留著的肉汁來製作「真正」的肉汁醬。目標是肉在醒好之前，所有的其他食物都要料理完成。

用烤箱烤肉的時間表

肉的種類	烤箱溫度 （℃／℉／瓦斯 烤箱刻度）	每 500 公克 （1 磅 2 盎司） 多少分鐘	外加的 分鐘數
牛肉或羊肉	190 - 220 ／ 375 - 425 ／ 5 - 7	25 - 30	25
豬肉	190 - 220 ／ 375 - 425 ／ 5 - 7	30 - 35	30
雞肉	190 - 200 ／ 375 - 400 ／ 5 - 6	20	20

註：最後一欄的「外加的分鐘數」是加上烤箱到達設定預熱以及啟動烘烤的時間。肉在進行燒烤之前必須完全解凍，以免食物中毒。如果不確定是否完全解凍了，再用低溫烤比平常多烤一些時間。

簡單的填塞食材

材料：
- 250 公克優質的豬絞肉
- 1 顆小的洋蔥，切細
- 125 公克新鮮麵包屑
- 1 顆蛋，打散
- 1 湯匙新鮮的鼠尾草，切碎（或 1 茶匙乾品）
- 現磨黑胡椒，增添風味

把所有材料用叉子（或食物處理器）混合均勻。

看要將混合材料鬆鬆的推進大開口裡，做成填充內餡塞到雞的體腔中（進行烘烤之前），或將混合材料做成小丸子，放在上了一層薄薄油的小烤模上，送進烤箱烤大約 30 分鐘。

約克夏布丁

分量：約可製作約 12 顆布丁
材料：· 125 公克中筋麵粉
　　　· 2 顆中型蛋或 1 顆大型蛋
　　　· 300 毫升牛奶（或牛奶加上一點水，布丁會
　　　　清爽些
　　　· 油，料理用

將烤箱預熱到攝氏 220 度。將麵粉篩進碗裡面，並在中心挖個洞。把蛋打進麵粉的洞裡，並倒入一半的牛奶。

慢慢加入剩下的牛奶或奶水，並繼續攪打，直到所有結成糰塊的部分都不見。將麵糰放入冰箱冷藏 20 ～ 30 分鐘。

秘訣：這種麵糊的配方也可用來製作約克夏香腸布丁或風味濃郁的鬆餅。可以在冰箱冰存兩天，如果麵糊變得太濃，只要加一些牛奶或水攪拌一下就可以了。

每個杯子模型或約克夏布丁烤盤中都放入一點油，在烤箱中加熱，直到冒煙。

再把混合的麵糊打一次，並在每個模型洞裡倒入 1 ～ 2 湯匙（不可以填滿，因為烘烤的時候，每一顆布丁都會漲得相當大）。將烤盤放入烤箱上層並烘烤 10 ～ 15 分鐘 直到布丁變得又鬆又大，並呈現金棕色。不要太早打開烤箱門，不然布丁會躺陷下去。從烤箱取出後立即食用。

真正的肉汁醬

這是最棒的肉汁醬，可以跟燒烤的肉類一起食用，滋味比外面賣的肉汁醬粉調製的要好得太多，尤其市售的含鹽量很高。材料的分量和做好的醬汁量要看肉汁有多少，以及你想要醬汁多濃來決定。

材料：·烤盤上留下來的肉汁
·幾匙中筋麵粉
·熱的低鹽或自家製肉類或蔬菜高湯，有燙馬鈴薯以外的蔬菜湯汁也能用

把肉從烤盤上取出，將肥油從肉汁上舀起丟掉。刮一刮烤盤底部，讓所有連在上面的焦糖沫刮鬆，把烤盤架到爐子上。

開小火，加上少許麵粉和肉湯一起攪拌。繼續少量添加麵粉，直到湯汁變成濃稠的糊狀。繼續煮，持續攪拌 2 ～ 3 分鐘，直到混合的肉汁變成棕色。加上不多於 100 毫升的高湯，一次加一點，邊加邊拌入肉糊裡。

秘訣：如果你將蔬菜單獨分開烤，可以把蔬菜水和烤盤上的蔬菜焦糖沫也刮下來用。

混合的醬汁大約保持在沸點，並繼續攪拌，直到湯汁變成稠狀。變濃後，加入高湯，調成你想要的濃稠度。繼續再煮 1 ～ 2 分鐘，然後供食。

主菜：家禽類

雞肉是很容易做給寶寶吃的食材，就算是剛開始學吃離乳食的寶寶也可以順利進食，不論切成條狀，或啃著帶骨頭的肉都行。雞胸肉可能稍嫌乾了些，所以一開始盡量讓雞肉保持溼潤度比較理想。大多數寶寶都喜歡啃雞腿，但別忘了先把筋和小碎骨去掉。

檸檬香艾菊雞

這道清淡的雞肉菜色可以讓寶寶有機會發現香艾菊（tarragon，或稱龍艾，龍蒿）的獨特風味，而且因為雞肉切成條狀很容易拿，對新手來說是一道很好上手的菜。

分量：2 個大人和 1 個寶寶
材料：・2～3 塊雞胸肉，切成條狀
　　　・2 湯匙新鮮檸檬汁
　　　・1 湯匙新鮮香艾菊（tarragon 或 1 茶匙乾品）
　　　・2 湯匙重乳脂鮮奶油（double cream）
　　　・現磨黑胡椒，增添風味

把雞肉和檸檬汁放進鍋子裡，加熱直到湯汁要沸滾時熄火，加蓋燜約 10 分鐘直到雞肉熟。必要的話加一點水，以免鍋子燒乾。

加上香艾菊、重乳脂鮮奶油和黑胡椒，並攪拌直到鮮奶油完全熱透。

趁熱和米飯、義大利麵或古斯米以及蒸蔬菜一起供食。

泰式綠咖哩配米飯

這道食譜做起來快速又簡單。雞胸肉切條對剛剛開始 BLW 的寶寶來說很適合咬嚼，而以豆子來練習捏這個動作，對寶寶來說更是其樂無窮。

這道食譜使用一種自家製的微辣泰式綠咖哩醬。如果你使用的是市場上買來的咖哩醬（很可能會太辣），就必須把食譜中標示的量減少，而且在給寶寶之前，要先嚐嚐看成品的辣度。

分量：2 個大人和 1 個寶寶
材料：·約 2 湯匙溫和的泰式綠咖哩醬，增添風味
　　　·2 ～ 3 塊雞胸肉，切成適合寶寶的薄片
　　　·400 公克罐頭椰奶
　　　·200 公克米飯（大約 3/4 大杯）
　　　·1 ～ 2 把冷凍豆子或是四季豆

將平底鍋或是炒菜鍋放到爐子上加熱，並加入泰式咖哩醬。

加入雞肉並稍微翻炒一下，直到雞肉塊被外面的湯汁鎖住。加入椰奶煮滾，轉小火，並燜煮約 15 分鐘。

同時，開始煮飯，當蔬菜快要變軟的時候，飯就快好了（實際的煮飯時間要看你使用哪種米而定，而且不要煮過頭了）。

把冷凍的豆子或四季豆加入咖哩，再煮 4 ～ 5 分鐘（四季豆需要的時間略長 ，大約 6 分鐘）。

米飯瀝乾並加到雞肉和蔬菜裡攪拌。再多煮 2 ～ 3 分鐘 ，讓米飯吸附一些醬汁。趁熱供食，單獨吃，或配上沙拉一起吃。

你可以這樣做

❧ 可加入一片紅色或黃色彩椒，讓色彩和風味都更加豐富。

❧ 如果寶寶已經可以處理四季豆了，可以把豆子切成小段讓他吃。

❧ 你可能也會喜歡用麵條來取代米飯。

番茄燉雞

這是一道美味的菜餚，有著溫暖的辛香感，剛開始學吃的寶寶也能輕鬆處理。使用雞腿或雞翅一樣能製作，只是料理的時間要加長而已。

分量：2 個大人和 1 個寶寶
材料：・油，炒菜用
　　　・1 顆中型洋蔥，切碎或切成扇形
　　　・1 茶匙研磨小茴香（孜然）
　　　・2 茶匙研磨香菜
　　　・2 ～ 3 塊雞胸肉，切成條狀
　　　・400 公克罐頭番茄，切碎
　　　・1 湯匙番茄磨泥
　　　・1 湯匙新鮮的香菜，切碎（自由選擇）

鍋中熱油，加入洋蔥炒幾分鐘，直到洋蔥變軟。.

加入小茴香和香菜煮 2 ～ 3 分鐘，續入雞肉，煮至雞肉的每個面都稍微呈現棕色（但還沒全熟）。

加入番茄泥煮滾後，蓋上蓋子，燜煮約 20 分鐘至雞肉全熟。

供食之前撒上新鮮的香菜，趁熱吃，可以配米飯和你自選的蔬菜。

你可以這樣做

☙ 如果你和寶寶都愛吃辛辣食物，可以試著加一點辣椒粉進去。

☼ 摩洛哥燉雞

這是一道美味的摩洛哥風味入門菜。剛開始學吃的寶寶將可以處理菜餚中的櫛瓜和雞肉;而年紀更大一點的寶寶還可以拿起鷹嘴豆。

分量:2 個大人和 1 個寶寶

材料:・油,炒菜用

・1 顆中型洋蔥,切細

・1 ～ 2 茶匙研磨的小茴香(孜然)

・1/2 茶匙研磨的肉桂

・3 隻雞腿

・250 毫升雞肉或蔬菜高湯(低鹽或自家製)

・1 小撮辣椒(或依喜好增減),增添風味

・1 ～ 2 湯匙新鮮香菜,粗切

・1 大條櫛瓜,切成棒狀

・435 公克罐頭鷹嘴豆,洗淨瀝乾(或約 75 公克乾鷹嘴豆,預先煮好)

・1 ～ 2 湯匙新鮮巴西利,切碎

・1 顆檸檬汁(大約 4 湯匙)

・現磨黑胡椒,增添風味

鍋中熱油,加入洋蔥炒幾分鐘,直到洋蔥變軟。

加入小茴香和肉桂煮 2 ～ 3 分鐘。加入雞腿、高湯、辣椒和香菜煮滾後。蓋上蓋子,燜煮 25 分鐘。

加入櫛瓜和鷹嘴豆,再重新煮滾,然後燜煮 10 ～ 20 分鐘,直到櫛瓜變軟。

把巴西利和檸檬汁攪拌進去,加入黑胡椒增添風味並趁熱供食,可搭配古斯米、米飯或藜麥吃。給寶寶吃的時候,雞肉切成條狀。

你可以這樣做

☙ 如果你喜歡有甜味的菜色,而寶寶也已經一歲以上,你可以加入 1 湯匙的純蜂蜜加上油、香草和辛香料。

火雞蔬菜堡

這款漢堡熱吃冷吃都好吃,還可以配上自家製的辣味番茄沙拉。如果你買不到火雞絞肉,可以買火雞雞胸肉或使用雞胸肉,用要強力的食物處理器或是絞肉機自己動手絞。有時間的話,把漢堡放進冰箱冷藏 1 小時,讓肉質變扎實,或在你要煮之前再取出。

分量：2 個大人和 1 個寶寶
材料：・1 顆小型白蘿蔔，切碎
　　　・1/2 棵中等大小的細香蔥，切細
　　　・250 公克絞碎火雞肉
　　　・2 茶匙新鮮的鼠尾草，切碎（或 1 茶匙乾品）
　　　・1 茶匙乾綜合香草料
　　　・現磨黑胡椒，增添風味

將烤箱預熱到攝氏 220 度。烘焙紙薄薄上一層油，備用。白蘿蔔和細香蔥蒸過、水煮或是微波，然後瀝乾水分，用果汁機打或完全壓碎成泥狀，加入火雞肉並充分混合，接著加入香草和黑胡椒，徹底攪拌均勻。

將混合的食材捏成小球壓扁，做成大約 8 個漢堡肉，厚度約 1 公分 （手上沾麵粉或打溼，比較不會沾黏），食材要壓緊，確定每一顆的厚度都差不多。

進烤箱烘焙約 25 分鐘直到熟透 （把其中 1 顆切半，檢查看看是否熟透了——全熟肉的不會出現粉紅色）。

趁熱供食， 配上小馬鈴薯或古斯米，和蔬菜。

你可以這樣做

- 喜歡的話，漢堡肉可以用鍋子煎，要翻面一次，讓兩面都呈現棕色。做成香腸形狀也很適合。
- 你也可以用豬肉取代火雞肉，用 1 顆小顆的蘋果（去皮、去核並切碎）以及 2 根芹菜（切碎）取代白蘿蔔做出類似的漢堡。

雞肉炒麵

　　這道炒麵色彩繽紛，形狀讓一雙小手握起來趣味十足。把蔬菜切得很薄很薄，這樣寶寶吃起來才不會太脆。

分量：2 個大人和 1 個寶寶
材料：・100 ～ 150 公克麵條
　　　・2 湯匙油
　　　・約 2 茶匙麻油
　　　・2 顆中型胡蘿蔔，去皮、切成薄條片
　　　・4 根甜玉米筍，切成 4 段
　　　・1 顆紅色彩椒，去籽並切成薄條片
　　　・1 顆黃色彩椒，去籽並切成薄條片
　　　・1 個蒜瓣， 切細或壓碎
　　　・1 根芹菜，去筋、切成非常薄的條片
　　　・2 塊雞胸肉，切成 5 公分左右的條狀

　　根據麵條包裝說明煮麵條，然後把水瀝乾，放回鍋裡，加入一點油，蓋上蓋子，置於一旁。炒鍋或深口平底鍋燒熱，倒入一點點麻油，翻炒胡蘿蔔、玉米筍和彩椒，約 30 秒。

　　加入蒜頭和芹菜，再多炒 30 秒，把蔬菜從鍋中盛起來（油瀝乾），備用。

　　鍋中再放一點麻油加熱，續入雞肉條，炒約 3 分鐘，直到雞肉熟透。加入預先煮好的蔬菜和麵條，再炒 1 分鐘。

　　趁熱供食，如果是成年人食用，可以淋一點醬油上去。

你可以這樣做

- 你也可以把菇類、青蔥、青江菜、切成薄片的花椰菜或四季豆、荷蘭豆或新鮮的薑片加到菜餚裡。上桌之前撒上烤芝麻、腰果也是很美味的，可以加到五歲以上的兒童和成年人的部分。
- 你也可以不用麵條，以米飯代替，做成炒飯。

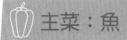 主菜：魚

魚的準備工作簡單、烹飪的速度快，而且非常營養。

可以用火烤、煎、用烤箱烘烤或是用炒的，還能做成魚餅或魚派，魚的質地寶寶很容易吃。只是要小心魚刺，就算是已經片成魚排的魚片也不可以大意。

烤鮭魚

這是一道快煮料理，簡單、營養，而且只要 10 分鐘就能料理完成。如果和古斯米以及沙拉一起供食，全部的食物只要 15 分鐘內就能上桌。大多數的魚，包括鯖魚，都能以這種方式料理。

分量：2 個大人和 1 個寶寶
材料： ·2 塊鮭魚排
        ·油或奶油 （無鹽）

將烤架預熱到中溫。把鮭魚排放到烤架盤上，刷上油或奶油。烤約 10 分鐘，或直到全熟。

趁熱供食，可以搭配米飯、古斯米、小馬鈴薯或馬鈴薯泥，和蔬菜或沙拉一起食用，擠一點檸檬汁上去。辣番茄沙拉配烤魚也很適合。給寶寶吃的部分，要小心檢查有沒有魚刺。

☀ 炸魚和薯條

自家製的炸魚和薯條像外賣一樣的美味，但是，對你而言卻健康多了。

分量：2 個大人和 1 個寶寶
材料：‧450 公克馬鈴薯（2 ～ 3 顆大的）
　　　‧油，塗抹並覆蓋在馬鈴薯上
　　　‧2 塊大的比目魚排（或其他白肉魚 ）
　　　‧1 顆蛋
　　　‧25 ～ 50 公克麵包屑 （變硬、乾燥或是烤過的）
　　　‧現磨黑胡椒，增添風味
　　　‧油，油炸用

將馬鈴薯切成粗條狀（帶皮）或薯條，放入一鍋冷水中。將烤箱預熱到攝氏 190 度，把烘焙紙塗上薄薄一層油。

把足量的油倒入小烤盤裡，只要剛好能覆蓋盤底就好，加熱（在爐子上加熱也可以）。

用乾淨的茶巾擦乾薯條，加入熱油中，稍微搖晃一下烤盤，讓油包覆住薯條。將烤盤放入烤箱裡，烘烤約 20 分鐘。

同時，用廚房紙巾輕輕拍打魚的兩面，讓表面乾燥。

將蛋打入一個淺盤中，把麵包屑放入另一個盤中，加入一點黑胡椒。

把每一片魚排先放入蛋汁的盤中，讓魚的兩面沾滿蛋汁，再壓入麵包屑裡，兩面都要壓均勻沾上麵包屑。

鍋中熱油，加入魚塊，每一面都用小火煎約 5 分鐘 ，直到魚熟，外表呈現金棕色，並變得酥脆。

魚排上菜前先擠一些檸檬汁，旁邊配上條狀馬鈴薯和一些蔬菜。給寶寶的魚肉部分要仔細檢查，確定沒有魚刺。

你可以這樣做

❧ 可以用甘藷來代替馬鈴薯。

紙包青醬鮭魚

鮭魚是寶寶可以簡單吃的魚，因為魚煮熟後可以握在手裡，不會輕易散開。

分量：2個大人和 1 個寶寶
材料：‧2 片鮭魚排
　　　‧1 湯匙新鮮青醬

將烤箱預熱到攝氏 190 度。把每一片鮭魚排都放在輕輕塗了一層薄油的鋁箔中間（鋁箔要大到可以把魚包起來封住）。將青醬塗抹在魚上面，把鋁箔折起來，封住魚排後捲起來，就像是個鬆鬆的包裹。

將包捲起來的魚排放到烘焙紙上，放進烤箱裡，烘烤約 15 分鐘，或直到魚熟透。

趁熱供食，搭配米飯或小馬鈴薯和蒸蔬菜或沙拉。給寶寶的魚肉部分要仔細檢查，確定沒有魚刺。

你可以這樣做

❧ 可以用相同的方式來製作烤檸檬香草魚包。只要把青醬換成一點奶油，擠上一些檸檬汁，並加上一些切碎的蒔蘿、巴西利或羅勒。

❧ 如果你覺得使用鋁箔包太費事（或是你手上沒有鋁箔），可以把魚排排在附蓋的耐烤盤上烤。

烘烤青花菜鮭魚

這道令人感到舒心的烤菜在營養上極為均衡：有魚、蔬菜、義大利麵、香草和奶製品。

分量：2 個大人和 1 個寶寶
材料：· 250 公克造型義大利麵
· 1 顆中型的青花椰菜，大朵大朵切
· 25 公克奶油 （無鹽）
· 25 公克中筋麵粉
· 600 毫升牛奶
· 2 湯匙新鮮巴西利，切碎（自由選擇）
· 1 湯匙新鮮蒔蘿，切碎（自由選擇）
· 3 片去皮鮭魚排，切成大塊狀
· 50 ～ 75 公克乳酪，刨絲（或足以蓋住上面的量）
· 25 ～ 40 公克麵包屑，變硬或烤過（自由選擇）

在一鍋沸騰的水中煮義大利麵，時間比包裝上所指示的稍微短些（這樣才有嚼勁），煮好之後瀝乾水分。

把青花椰菜蒸或水煮，直到花椰菜開始變軟，把水瀝乾。

將烤箱預熱到攝氏 180 度。要製作醬汁，請把奶油放到鍋中融化，拌入麵粉，小火煮，直到混合的材料開始冒出泡泡。將鍋子從爐火上拿開，慢慢倒入牛奶，不斷攪拌。

把鍋子放回爐火上去，煮到湯滾，繼續燜煮，直到湯汁變濃稠。

將鮭魚塊在烤盤中排好，放入義大利麵和青花椰菜。將醬汁倒在上面，把乳酪和麵包屑混合，撒在表面，烘烤約 30 分鐘左右。

趁熱和蔬菜一起供食——蒸小胡蘿蔔、四季豆或蘆筍。這樣的蘆筍配著菜吃特別好吃。要仔細檢查，確定寶寶的部分不要有魚刺。

魚餅

寶寶可以輕鬆握住魚餅自己餵食，就算是剛剛才學吃的寶寶也可以。

分量：2 個大人和 1 個寶寶
材料：・一點牛奶（或水）
　　　・250 公克白肉魚或鮭魚排
　　　・約 250 公克烘焙馬鈴薯（去皮）
　　　・一坨奶油（無鹽）加入馬鈴薯中壓碎之用（自由選擇）
　　　・1 湯匙新鮮香菜或巴西利，切碎
　　　・未上蠟的檸檬磨皮（自由選擇）
　　　・現磨黑胡椒，增添風味
　　　・1 顆蛋，打散
　　　・25 ～ 50 公克麵包屑，變硬、乾燥或烤過的
　　　・油，煎餅用

淺鍋中倒入深度大約 0.5 公分的牛奶，並加入魚肉。牛奶加熱到剛剛沸騰，轉小火，蓋上蓋子，燜煮約 5 分鐘，直到魚肉呈現蛋白色，魚肉中央變熟。 把魚肉徹底瀝乾，然後去皮、切成薄片、除刺。

把馬鈴薯加入奶油、香草、檸檬皮磨屑以及黑胡椒壓成泥，加入一些打散的蛋汁拌入魚片裡。

剩下的蛋汁放入一個淺盤中加入一點黑胡椒，把麵包屑放入另一個盤中。手上沾一些麵粉，取出少量的魚肉混合材料，做成 4～5 個魚餅。

把魚餅放入蛋汁中，讓魚餅每個面都沾滿蛋汁，再放進麵包屑裡滾一滾，均勻沾裹麵包屑。

煎鍋熱油，加入魚餅，每一面煎約 5 分鐘 ，直到表呈現金棕色。

趁熱供食，搭配切成楔型的烤甘藷、蒸豆子、蒸甜玉米或烤四季豆或配上沙拉。

你可以這樣做

可以用罐頭鮭魚或鮪魚（原味水漬或油漬）來取代新鮮的魚肉。把一些青蔥切碎， 加入混合的材料中也很美味。

☼ 英式炸魚條

　　這道魚條可以做成完全適合寶寶取用的大小和形狀，外層柔軟些，不像傳統沾麵包屑那樣酥脆。對剛剛採用 BLW 的寶寶來說，再完美不過了。

　　「蔻兒真的超愛自家製的魚條，連剛開始學吃時候也一樣。魚條的形狀對寶寶來說非常完美──吃起來簡單又好吃。」

喬─愛倫，十七個月大蔻兒的媽媽

分量：2 個大人和 1 個寶寶
材料：‧300 公克白肉魚排，（明太鱈 pollack、鱈魚、
　　　　黑線鱈 haddock）
　　　‧1 顆蛋
　　　‧50 公克中筋麵粉
　　　‧50 公克粗玉米粉（polenta，有時候會標示為
　　　　coarsely ground cornmeal 粗磨的玉米粉或玉
　　　　米粉 maize flour）
　　　‧油或奶油（無鹽），油煎用

將魚片切成指頭大小的條狀，務必確定裡面沒有魚刺了。

蛋在淺盤中打散，麵粉及粗玉米粉拌勻，放在另一個盤中。把魚條放入蛋汁中，每個面都沾滿蛋汁，再放進麵粉和玉米粉混合的粉裡滾一滾，均勻沾上粉。

鍋中熱油或奶油，把魚條放入油或奶油中煎到呈現金棕色，過程中翻面，且至少兩面是酥脆的。

趁熱供食，配上小馬鈴薯和蒸蔬菜，沙拉也可以。

魚派

雖然魚派對於剛剛學吃的寶寶來說，不容易吃，但是他很快就可以處理了。在那之前，寶寶光是舔手指，就趣味無窮。

分量：2 個大人和 1 個寶寶
材料： · 400 公克馬鈴薯
· 300 公克白肉魚排（明太鱈、鱈魚、黑線鱈）
· 175 毫升牛奶
· 1.5 湯匙奶油（無鹽）
· 1.5 湯匙中筋麵粉
· 1 湯匙新鮮巴西利，切碎（自由選擇）
· 1 小撮現磨黑胡椒（自由選擇）
· 約 50 公克乳酪，刨絲

把馬鈴薯放入水煮。 湯鍋內倒入 100 毫升的牛奶和魚肉燜煮約 10 分鐘 ，直到魚肉變成蛋白色，然後用漏杓取出，牛奶留著。將魚肉切片，把皮和魚刺都拿掉，備用。

馬鈴薯煮軟後（大約 25 分鐘），瀝乾水分，加入約 1 又 1/2 湯匙 沒煮過的牛奶和 1 茶匙的奶油壓成泥，要把泥壓得滑順又鬆軟。

將烤箱預熱到攝氏 200 度。要製作醬汁時，先把剩下的奶油在鍋中融化，拌入麵粉攪拌。用小火煮到奶油糊開始冒泡，鍋子離火，一點一點加入牛奶（煮魚用的牛奶），然後倒入剩下的牛奶，持續攪拌，避免結塊。鍋子放回爐火上，煮滾， 繼續攪拌。轉小火，燜煮到湯汁變濃，且一直不斷攪拌。

醬汁離火，把魚片、巴西利和黑胡椒拌入醬汁中。將混合的食材倒入進烤盤裡，將壓成泥的馬鈴薯鋪在上面，撒上刨絲的乳酪。

送進烤箱烤 20 ～ 30 分鐘，直到表現呈現金黃色。趁熱供食，配上自選的蔬菜或沙拉。

你可以這樣做

❧ 可以把事先煮好的細香蔥、四季豆或甜玉米加到混合的魚肉食材中試試看，也可以把煮過的蕪菁甘藍、白蘿蔔或胡蘿蔔和馬鈴薯一起壓泥。

煙燻鯖魚麵

　　這道既美味又簡單的菜色對於正在學習拿滑溜食物，但食物仍須有棒形才握得住的寶寶來說，再完美不過了。如果你把鯖魚分成大塊，寶寶還是握得住的。煙燻鯖魚很鹹，所以別給寶寶太多。

分量：2 個大人和 1 個寶寶
材料：・4 ～ 6 支小青花椰花梗
　　　・4 ～ 6 莢紅花菜豆（或用長豆），切「筋絲」，
　　　　片成適合寶寶的
　　　・2 ～ 3 塊煙燻鯖魚肉排，去皮
　　　・油或奶油 （無鹽），油煎用
　　　・1 瓣蒜頭，切片或切碎
　　　・1 茶匙新鮮奧勒岡葉，切碎
　　　・6 ～ 8 新鮮的羅勒葉
　　　・30 ～ 40 公克奶油 （無鹽）
　　　・225 公克造型義大利麵
　　　・25 ～ 50 公克帕馬森乳酪乳酪，刨絲 （自由
　　　　選擇）

　　青花椰菜和紅花菜豆蒸熟或水煮到軟，然後把水瀝乾。把鯖魚片切成大塊，要確定裡面沒有魚刺。

　　鍋中熱油或奶油，加入蒜頭以小火炒 1 ～ 2 分鐘。 鍋子離火，把蒜頭撈起來備用。熄火的時候，把奧勒岡葉、羅勒加到鍋裡，並

把奶油拌進去。加入蒸好的青花椰菜、豆子和鯖魚，並好好攪拌。
鍋子放回爐上，開小火，加入蒜頭以小火將混合材料徹底加熱。

　　根據義大利麵包裝上的說明，用沸水煮到剛軟的程度，瀝乾水
分。將麵分別放到每個盤子上，把混合的魚食
材加在麵上面，並撒上帕馬森乳酪，增添風
味。

　　趁熱單獨食用，或搭配沙拉食用。

泰式魚肉綠咖哩

　　雖然泰式綠咖哩可能很辣，若你使用的是自製微辣泰式綠咖哩
醬，還是會成為寶寶品嚐的一道好咖哩。如果你以市售的咖哩醬來
製作，本食譜中咖哩的使用量就要酌減，而且菜餚完成，第一次給
寶寶吃之前，要先品嚐，試試辣味。

分量：2 個大人和 1 個寶寶
材料：・200 公克椰奶塊，切成塊
　　　・300 毫升熱水
　　　・450 公克厚的白肉魚排 （鱈魚、青鱈、黑線
　　　　鱈，鮟鱇魚 monk fish ）
　　　・油，油煎用
　　　・1 ～ 2 瓣蒜頭，切細或壓碎 （自由選擇）

· 1～2 湯匙泰式綠咖哩醬，增添風味
· 4～6 莢四季豆，去筋絲，切成約 5 公分左右的長度
· 4 片萊姆葉或或 2 片新鮮萊姆
· 3～4 櫻桃番茄（自由選擇）
· 4～5 新鮮香菜葉，切碎
· 6～8 新鮮羅勒葉，切碎

將椰奶塊融於熱水中。

魚切成大厚塊或短指狀以適合寶寶，並確定魚刺已經全部取出。

鍋中熱油，加入蒜頭，小火炒 1～2 分鐘。

鍋中加入椰奶（注意，可能會噴濺），用極小的火煮滾並一直攪拌，然後加入咖哩醬。小火燜煮並加入魚、四季豆和萊姆葉。

小火燜煮 9～10 分鐘，然後加入番茄再煮 2～3 分鐘，直到魚熟透。

撒上香菜和羅勒葉並搭配白飯或糯米飯一起供食。

主菜：蛋和乳酪

蛋和乳酪的菜餚變化多端又營養，因為這兩種食材好保存，作為「櫥窗」美食也很棒。話說回來，乳酪相當的鹹，所以一定要搭配大量蔬菜食用。

乳酪烤馬鈴薯細香蔥

這道菜色作法簡單，又非常美味。搭配不同的醬汁也很好吃喔！

分量：2 個大人和 1 個寶寶
材料：・450 公克馬鈴薯（2 ～ 3 顆大的），切成大厚塊
　　　・油或奶油（無鹽），油煎用
　　　・1 根細香蔥，洗淨，切大段
　　　・25 公克奶油（最好是無鹽奶油）
　　　・25 公克中筋麵粉
　　　・250 毫升牛奶
　　　・75 ～ 100 公克乳酪，刨絲

蒸或水煮馬鈴薯，煮到剛好熟，放涼備用。

湯鍋中熱油或奶油，加入細香蔥以小火炒到變軟。

將烤箱預熱到攝氏180度。鍋中放入奶油加熱融化，拌入麵粉，再以小火煮約 2～3 分鐘直到開始冒泡。鍋子離火，一點一點慢慢加入牛奶，持續不斷地攪拌。鍋子重新放回爐上，煮滾後持續攪拌。醬汁煮滾後還是繼續攪拌，直到醬汁變得濃稠。離火，把所有的乳酪都加進去。

將馬鈴薯鋪一層在烤盤底部。將細香蔥鋪在上面，倒入乳酪醬汁。撒上剩下的乳酪。進烤箱烘烤約 20 分鐘，直到表面呈現金色。

英式鹹派

這道傳統的英式派很美味，如果寶寶剛開始學吃，可以配上蔬菜棒。

分量：可製作一個大派，或是 6 個個人的小派
材料：・250 公克酥派皮， 自家製買現成的也可以
　　　・350 公克馬鈴薯
　　　・油或奶油（無鹽），油煎用
　　　・450 公克洋蔥，切碎
　　　・25 公克奶油 （無鹽）
　　　・1～2 瓣蒜頭， 切細或壓碎

- · 2 茶匙新鮮巴西利，切碎
- · 1 小搓乾燥百里香
- · 1 小撮現磨黑胡椒
- · 1 湯匙牛奶
- · 100 公克乳酪，刨絲

　　要製作派皮時，可以準備一個 23 公分的派模（或是 6 個 10 公分的烤模）和自製或現成的派皮。將馬鈴薯蒸或水煮，到剛好熟的程度即靜置放涼（或使用之前煮好的馬鈴薯）。

　　將烤箱預熱到攝氏 220 度。鍋中熱油或奶油，加入洋蔥小火炒到軟。

　　同時，把馬鈴薯切片或切碎，放進一個大碗裡。加入洋蔥、奶油、蒜頭、香草、黑胡椒、牛奶和一半的乳酪，混合均勻。

　　把所有混合均勻的材料移入派皮中，並把剩下的乳酪撒在上面，送進烤箱烤 20 ～ 25 分鐘，直到變成金棕色。

　　趁熱供食，配上自選的蔬菜。

你可以這樣做

- 用 250 公克的洋蔥取代細香蔥，將洋蔥洗淨、切塊。
- 可以撒上麵包屑和乳酪，這樣外皮上層會帶一點酥脆感。

簡易青花椰菜法式鹹派

這道傳統的英式派很美味，如果寶寶剛開始學吃，可以配上蔬菜棒。

分量：可製作一個大派，或是 6 個個人的小派
材料：·1 顆中型的青花椰菜 （只用花就好）
　　　·250 公克酥派皮，自家製
　　　·1 顆小顆洋蔥，切成薄片
　　　·50～100 公克乳酪，刨絲 （根據個人口味）
　　　·3 顆蛋
　　　·115 毫升牛奶
　　　·1 小撮現磨黑胡椒

將烤箱預熱到攝氏 190 度。將青花椰菜上的小花梗切下來，蒸或水煮約 2 分鐘直到變軟，然後瀝乾。

要準備派皮時，可以準備一個23 公分的派模（或是 6 個 10 公分的烤模） 和自製或使用現成的派皮。將洋蔥撒在派皮底部，加入青花椰菜並撒上一半的乳酪。

把 3 顆蛋打在一起，加入牛奶以及黑胡椒。把蛋汁倒在洋蔥、青花椰菜和乳酪上，接著在上面撒上剩下的乳酪。

加料的蛋汁倒入後應該要有派皮的 3/4 高度。不夠的話，再多打 1 顆蛋進去，打散，加入大約 2 湯匙牛奶。

送進烤箱烘烤約 40 ～ 50 分鐘， 直到蛋熟透（用筷子鑽一下試試看有無沾黏），而酥皮派成現金棕色。

趁熱供食，切片或切成手指型，搭配小馬鈴薯， 或沙拉、四季豆、蘆筍就可以當做主食，冷吃則可以當做輕午餐。

你可以這樣做

- 內餡可以用下面材料替代：鹹豬肉或烤培根肉、切碎；火腿些許，切成條狀；番茄切片，或櫻桃小番茄切半；洋菇切片、菠菜切碎、蘆筍切碎 。

- 如果想吃味道很濃郁的鹹派，可用一些鮮奶油來取代部分的牛奶。

- 想要鹹派的乳酪味更濃郁，可用乳酪派皮來製作。

法式扁豆鹹派

這道食譜用料豐富、營養豐富而且美味。 可以切成小片供食，用切成手指大小的棒狀給寶寶吃。

分量：可製作一個大派，或是 6 個個人的小派
材料：· 油或奶油（無鹽），煎炒用
　　　· 1 瓣蒜頭， 切細或壓碎
　　　· 1 棵中型細香蔥，切細
　　　· 175 公克紅扁豆，冷水中洗淨並瀝乾
　　　· 600 毫升全脂牛奶
　　　· 1 小撮乾百里香
　　　· 250 公克酥派皮，自家製
　　　· 2 顆蛋
　　　· 75 公克乳酪，刨絲
　　　· 3 顆中型番茄，切片

把油或奶油放入鍋中加熱，加入蒜頭和細香蔥炒軟。

加入扁豆拌炒，再加入牛奶和百里香，煮滾。轉小火，蓋上蓋子並用小火燜 30 ～ 40 分鐘，每隔 5 分鐘就攪拌並檢查看看扁豆軟了沒有，湯汁是否變濃稠。煮好之後離火，靜置一旁。

煮扁豆的同時，開始準備派皮。可以準備 1 個 23 公分的派模（或是 6 個 10 公分的烤模）以及自製或使用現成的派皮。

將烤箱預熱到攝氏 190 度。在碗中打蛋，並把一半的乳酪攪拌進去。把乳酪和蛋加到扁豆料中混合並攪拌。

把扁豆料倒入派皮中。撒上剩下的乳酪，並放上番茄片。

送進烤箱烤約 45 分鐘，直到蛋熟（用筷子試試看）和表面呈現金棕色。

熱食或冷吃都好，可以搭配小馬鈴薯和蔬菜，或是配上沙拉。

義大利煎蛋卷

義大利煎蛋卷（Frittata）是道可愛的食譜，它的內餡可以有很多變化，每次都可以有不同的驚喜。可以用現煮的蔬菜製作，也可以物盡其用利用剩菜來做。

分量：2 個大人和 1 個寶寶
材料：· 2 顆大的馬鈴薯（約 400 公克）
　　　· 4 顆蛋
　　　· 1 湯匙牛奶
　　　· 2 茶匙新鮮巴西利，切碎
　　　· 1 小撮現磨黑胡椒 （自由選擇）
　　　· 油，煎蛋用
　　　· 1 顆中型洋蔥，切碎
　　　· 1 ～ 2 瓣蒜頭，切碎
　　　· 自選內餡

蒸或水煮馬鈴薯，煮軟後靜置一旁放涼（或使用之前煮好的馬鈴薯）， 切薄片，備用。

將烤架預熱到中溫。把蛋和牛奶一起攪勻，拌入巴西利和黑胡椒。 用一口 20 公分的平底鍋熱油（手把部分必須是不怕火的），加入洋蔥，以小火炒軟。加入蒜頭煮個 1 ～ 2 分鐘，然後加入馬鈴薯徹底加熱，食材要動一動，才不會黏在一起。

把蛋汁倒在鍋中其他食材上面，快速攪拌，確定所有的食材上都覆蓋了蛋汁。煎到蛋汁完全熟透 （把筷子插進去測試一下──拿出來時應該要是乾淨沒沾黏的。

把鍋子放到烤架下 3 ～ 5 分鐘直到煎蛋捲的上方開始出現棕色。熱食或冷食都可以，單獨吃或配上蔬菜或沙拉也都行。

你可以這樣做

- 這道食譜迷人之處在於幾乎任何煎的、炒的、煮的蔬菜或肉類，只要你想要，都可以放進去。不妨試試看切碎的火腿或培根肉、彩椒（青椒、紅椒、黃椒或橙椒）或茄子、豆子或四季豆、洋菇、青花椰菜或花椰菜、番茄、櫛瓜、或南瓜等等。

- 把煎蛋卷放到烤架下之前，可以試試看把刨絲的乳酪撒到蛋卷上面。

主菜：蔬菜為基底

我們在這裡精選出，以蔬菜為基底的菜色，有很多不同的口感和口味，是寶寶可以嘗試的。

普羅旺斯雜燴

普羅旺斯雜燴這道菜對剛剛入門 BLW 的寶寶來說很理想，因為蔬菜可以切成棒狀。

分量：2 個大人和 1 個寶寶

材料：·油，炒菜用
　　　·1 顆大洋蔥，切片變成薄環
　　　·1 顆大茄子，切成適合有厚度的扇形
　　　·1 顆彩椒，最好是紅色，切成棒狀
　　　·2 條櫛瓜，切成適合寶寶的棒狀或有厚度的扇形
　　　·2 ～ 3 瓣蒜頭，切細或壓碎
　　　·3 ～ 4 顆大的成熟番茄（或是 400 公克罐裝小番茄）
　　　·1 茶匙乾的奧勒岡葉
　　　·1 小撮現磨黑胡椒
　　　·1 湯匙番茄磨泥（自由選擇）

鍋中熱油，加入洋蔥炒幾分鐘，續入茄子、彩椒、櫛瓜和蒜頭煮 5～10 分鐘，偶而翻動一下，直到變軟。

同時，番茄（如果使用新鮮番茄）用沸水燙，直到外皮開始剝離，撈起瀝乾、浸泡到冷水裡，去皮並粗切成大塊。

加入奧勒岡葉、黑胡椒和番茄到鍋子裡，好好攪拌 。

持續用小火慢煮 20～30 分鐘，直到番茄做成濃厚的醬汁。

趁熱供食，配上米飯或義大利麵，當做像義大利煎蛋卷的主菜旁配料。或讓他自己吃新鮮的麵包和奶油。

彩椒炒豆腐

豆腐通常都會用醬油醃一下，做成紅燒的，但是醬油對寶寶來說太鹹了，所以這個食譜使用薑和麻油， 給豆腐一個可愛又新鮮的風味。喜歡的話，大人的部分可以添加醬油。

分量：2 個大人和 1 個寶寶
材料：・150 公克棉豆腐或比較硬的豆腐，切成適合
　　　　寶寶拿的大小
　　　・2 ～ 3 公分新鮮薑塊，去皮和切成薄片
　　　・3 湯匙麻油
　　　・2 個彩椒（紅色、黃色或橙色），切絲
　　　・4 枝青蔥，粗切
　　　・6 ～ 8 個聖女小番茄或是迷你品種的小紅番
　　　　茄

把豆腐放入碗中，加入薑和 2 湯匙的麻油，醃漬 15 分鐘。

熱鍋（最好是炒菜鍋）將剩下的麻油倒入，取出醃豆腐的薑，加入一起爆香 30 秒左右。續入彩椒、青蔥和番茄翻炒 5 ～ 10 分鐘，直到所有蔬菜變軟，要一直保持鍋子的熱度，並持續的翻炒所有食材。

加入豆腐（不要醃醬）翻炒約 2 分鐘。 趁熱供食，可以和麵、印度香米（ basmati）或糯米一起吃。給寶寶的部分，番茄要切半。

你可以這樣做

❦ 成年人可能會喜歡在此道菜餚裡撒入一
把烤芝麻、花生、或腰果。可以在上
菜之前加，還可以附上一小碟醬油。

☼ 蔬菜扁豆咖哩

　　這是一道可口溫和的咖哩，寶寶在這道菜裡能接觸到各式不同口味和口感的食材，就算他才剛開始學吃，食材的形狀也能讓他輕鬆握住。如果找不到秋葵，可以用四季豆取代。

分量：2 個大人和 1 個寶寶
材料：・1 ～ 2 湯匙油
　　　・2 顆中型紅洋蔥，切細
　　　・2 莢荳蔻莢
　　　・1 公分長的新鮮薑塊，去皮和切細
　　　・約 2 湯匙即煮咖哩醬
　　　・1 片月桂葉
　　　・2 顆小馬鈴薯，帶皮，依大小切成兩半或四分
　　　・3 枝青花椰菜的小花梗，切成適合寶寶的形狀
　　　・3 枝花椰菜的小花梗，切成適合寶寶的形狀
　　　・1 條中型胡蘿蔔，切成適合寶寶的形狀
　　　・3 條秋葵，截頭去尾，切成適合寶寶的塊狀
　　　・2 ～ 3 湯匙的冷凍豆子
　　　・1 條小條櫛瓜，切成適合寶寶的大小形狀
　　　・100 公克紅扁豆，冷水中洗淨並瀝乾
　　　・300 毫升椰奶

鍋中入油加熱，加入洋蔥小火炒 10 分鐘，直到洋蔥呈現金黃色。同時，把荳蔻莢剝開，取出籽（莢丟掉）。把籽加到鍋子裡去，加入薑、咖哩醬、月桂葉，再炒幾分鐘，偶而要攪拌一下，以免所有食材黏住。

加入馬鈴薯、青花椰菜、花椰菜、胡蘿蔔和秋葵，煮幾分鐘，偶而攪拌一下，讓蔬菜沾上辛香料。

把剩下的蔬菜都加進去，包括扁豆和椰奶。

煮滾後，加蓋燜煮 20 分鐘直到扁豆變軟、蔬菜熟了，記得不時要攪拌一下，以免食材黏在一起或燒焦。

這時候鍋裡的水分應該減少一半了──如果你想咖哩的湯汁多收一點，蓋上蓋子燜久一點。趁熱供食，可以搭配米飯、天然優格（或優格加上小黃瓜沾棒、沙拉和印度烤餅（nann）或印度麥餅（chapattis ））。

印度家常菠菜乳酪

這道溫和的咖哩使用的是印度家常乳酪（paneer），這是一種口感溫和的白色乳酪，在製作寶寶食物時特別好用，因為裡面不含鹽分（處理過生辣椒後以及和寶寶接觸之前，別忘記把手洗乾淨，因為辣椒汁刺激性很強）。

分量：2 個大人和 1 個寶寶
材料：・300 公克菠菜
　　　・油或奶油（無鹽），煎炒用
　　　・1 茶匙小茴香籽
　　　・1 顆中型洋蔥，切片
　　　・2 瓣蒜頭，切細或壓碎
　　　・2 ～ 3 公分長的新鮮薑塊，去皮和切細
　　　・1 湯匙印度綜合香料瑪撒拉
　　　　（garam masala）
　　　・1/4 條不太辣的新鮮紅辣椒，切細（去籽並
　　　　去筋），或是 1 小撮乾辣椒片
　　　・225 公克印度家常乳酪（或比較硬的豆腐），
　　　　切碎以適合寶寶
　　　・2 湯匙重乳脂鮮奶油

　　菠菜稍微蒸一下，打成糊狀（用果汁機打最好）。

　　鍋中熱油或奶油，加入小茴香籽爆炒約 2 分鐘，直到香氣開始散發出來，並出現彈跳聲。加入洋蔥炒軟後，續入蒜頭、薑，瑪撒拉香料和辣椒拌炒。加入打成泥狀的菠菜，需要的話還要一點點水，讓醬汁變得稀。煮滾，然後調小火。

　　加入印度家常乳酪和重乳脂鮮奶油，並燜煮約 3 分鐘。趁熱供食，搭配米飯或印度烤餅一起吃。

四季豆炒茴香

　　這道小炒很清爽，口感新鮮，有許多棒狀和長條形的食材可以讓寶寶握。材質較為酥脆的食材切片時請薄切，薄到酥脆度是寶寶可以應付的程度。

　　這道食譜會用到日本米醋，這種醋比西式的醋口感溫和多了。許多大型超市都有販售。如果你買不到，也可以用酒醋對水來取代（3份醋1份水）（註：台灣的超市也能買到日本米醋。買不到的話，可以用純釀造的陳年糯米醋來取代。）

分量：2個大人和1個寶寶
材料：・25 公克乾椰子絲泡熱水，不加糖
　　　・100 公克麵條
　　　・1 湯匙油，炒菜用
　　　・1 瓣蒜頭，切細或壓碎
　　　・4 枝青蔥，切碎
　　　・1/2 顆球莖茴香，去核、切薄片
　　　・100 公克細長／矮種的四季豆，整莢或片切
　　　　成一半（視你想要的脆度而定）
　　　・100 公克荷蘭豆，整莢或切片以適合寶寶拿
　　　　取
　　　・1 支中型西洋芹菜，切成薄棒狀
　　　・2 茶匙米醋
　　　・1 ～ 2 湯匙切碎新鮮香菜或巴西利

將乾椰子絲泡在一碗熱水中,加上蓋子,放置 20 分鐘。同時,根據麵條包裝上的說明來煮麵,煮熟後把水瀝乾,備用。用篩子過濾椰子絲,備用。

炒鍋或大鍋燒熱,燒到很熱,倒入油,接著放入蒜頭、洋蔥和茴香,翻炒 2 分鐘,鍋子要持續保持高熱的狀態。加入豆子、荷蘭豆和芹菜,翻炒一下,加入米醋,再炒一下,然後鍋子離火,撒上椰子絲、香菜或巴西利,攪拌均勻。

把麵條盛入碗中,上面加上炒好的蔬菜。趁熱供食,成人可以配上一碟龜甲萬溜醬油或醬油。

辣炒豆子和蔬菜

「葛麗絲超喜歡用手指頭從放辣椒的蔬菜裡去撿腰豆起來。她會先把豆子吃掉,然後再去撿其他的。」

金,十一個月大葛麗絲的媽媽

分量：2 個大人和 1 個寶寶
材料：・油，炒菜用
　　　・1 顆中型洋蔥，切碎
　　　・1 顆紅色彩椒，去籽和切成適合寶寶的大小
　　　　形狀
　　　・1 顆中型櫛瓜，切成適合寶寶的大小形狀
　　　・1 茶匙研磨小茴香（孜然）
　　　・1 小撮辣椒粉或片，或根據口味調整
　　　・1 茶匙乾香菜，或 1 湯匙新鮮香菜，切碎
　　　・400 公克罐頭番茄，切碎
　　　・400 公克罐頭大紅豆，瀝乾（或大約 100
　　　　公克乾豆子，預先煮好）

　　鍋中熱油，加入洋蔥炒軟。加入彩椒和櫛瓜，炒到開始變軟後，加入辛香料和香草再煮 1 分鐘， 持續不斷攪拌。

　　加入番茄和豆子混合均勻。煮滾，蓋上蓋子，燜煮 15 ～ 20 分鐘，直到所有蔬菜變軟。趁熱供食，配上米飯或古斯米。

你可以這樣做

☙ 這道辣炒蔬菜，所有的蔬菜都能放入。可以試著把彩椒和櫛瓜用切碎的洋菇、瓜類、胡蘿蔔或甘藷 （可能要煮久一點）替代。切碎的菠菜可以等其餘蔬菜都炒軟後放進去，然後再煮幾分鐘。

☙ 大紅豆可以用類似的豆子取代，例如白腰豆或花豆。如果用乾豆子，要先浸泡，可能還要先煮過 。

🫑 主菜：披薩、麵

披薩、麵的主餐通常會受到家中成員的歡迎，這類的主食中通常含有許許多不同的形狀，寶寶會喜歡的。

☀ 自家製披薩

市售或外帶的披薩通常含鹽量很高，所以自己動手做比較健康，也代表這樣一來，你就有信心和寶寶一起分享了。大一點的寶寶和學步期的幼兒通常都喜歡自己動手創作屬於他們自己的披薩。

先做好披薩的麵皮（或使用店裡買的），加入厚厚的番茄醬、一些乳酪（傳統上是使用莫扎瑞拉乳酪，不過其他乳酪，如切達也都可以使用）和你喜歡的配料。

分量：1 個大人和 1 個寶寶
材料：
麵皮：

　　‧3 湯匙橄欖油，多一點作為塗抹之用
　　‧225 公克自發麵粉（或使用中筋麵粉，加入 2～3 茶匙的泡打粉），加一點作為手粉之用

·1 小撮鹽（自由選擇）
·90 ～ 100 毫升溫水
·自選的加料 （參見下右頁）

塗醬：

·油，煎炒用
·1 瓣蒜頭，切細或壓碎
·400 毫升義大利番茄泥
·2 湯匙番茄磨泥
·1 茶匙乾奧勒岡葉
·1 小撮現磨黑胡椒

在披薩盤或烘焙紙上抹上薄薄一層油。把麵粉放入一個碗中（加一點鹽，如果決定要加的話），並在中間挖一個洞，把油和大部分的水倒進去，攪拌直到麵糰開始產生彈性（但是不黏），需要的話加入更多水。

把麵糰放在撒有麵粉的平台上，揉到顏色均勻，彈性感覺一致。把麵糰桿開，整成圓形或是橢圓形，適合披薩盤的形狀。

要製作塗醬時，先在鍋中熱油，並將蒜頭放入炒 1 分鐘左右。

把剩下的材料加進去，小火煮但不蓋鍋蓋，這樣水分才多會蒸發一些，大約煮 10 分鐘，直到塗醬濃稠到可黏附在披薩麵皮的底部。

將烤箱預熱到攝氏 220 度。毫不吝嗇在披薩底部塗上一層厚厚的番茄醬。撒上刨絲的乳酪，並把所有額外的加料放上去，喜歡的話，然後撒上最後一層乳酪。

把披薩送進烤箱裡，烘烤 10 ～ 20 分鐘，直到中間部分開始冒泡。

推薦的加料

幾乎所有的食材都可以拿來作為披薩上的加料，但是還有一些是大家最喜歡加的：

- 切碎的培根肉，火腿或義大利臘腸（非常鹹，別放太多）
- 瘦的牛絞肉或切碎的雞肉
- 沙丁魚（油漬，不要泡鹽水的）
- 番茄切片，或小番茄切半
- 洋菇切片
- 甜玉米
- 紅色、黃色彩椒或青椒切片
- 菠菜，青花椰菜或細香蔥
- 莫扎瑞拉乳酪乳酪
- 橄欖（油漬橄欖，不要泡鹽水的）

麵

生活忙碌的家庭，吃麵是最完美又快速的選擇。許多麵條的醬汁都可以事先調製、大量製作並冷凍起來，所以如果你時間真的很趕，只要把 1 湯匙的青醬（自製青醬，請參見第 300 頁）加入麵條裡就行了！請依照寶寶雙手的靈巧度，選擇麵條的形狀。

煮麵

煮麵的時候需要動一動，麵才不會黏在一起，所以煮麵時最好用大鍋，鍋中放入大量的水，讓水一直保持在高度沸騰的狀態。傳統上，煮義大利麵水中要加鹽，但只要稍加注意，不要煮過頭，那麼即使煮麵時水中不加鹽，口感也不會差——不加鹽對寶寶比較好。煮的時候，水裡不要加油，加了油之後醬汁不容易沾附上去，寶寶也比較滑手不好握。煮麵要煮得好，必須遵循麵條包裝上指示的時間來料理，但在建議的時間到達前 1 分鐘，拿一條麵出來試試看口感如何。

簡易番茄麵醬汁

這道簡易的醬汁，拿來和麵條一起供食最理想，它的作法簡單、能夠一次大量製作並冷凍。加上火烤或烤箱烤的櫛瓜、茄子

和彩椒一起吃相當美味，拿來當做其他醬汁的基底，如義大利肉醬
（Bolognese）的基料也行。這醬汁也能搭配雞肉和魚一起食用。

分量：可製作約 300 毫升
材料：·2 湯匙橄欖油
　　　·1 顆中型洋蔥，切細
　　　·1 ～ 2 瓣蒜頭，切細或壓碎
　　　·400 公克罐頭番茄，切碎
　　　　（或 400 毫升義大利番茄泥）
　　　·2 湯匙番茄磨泥
　　　·1 把新鮮羅勒葉，撕碎
　　　·1 小撮現磨黑胡椒
　　　·1 片月桂葉

　　　鍋中熱油，加入洋蔥以小火炒軟。加入蒜
頭，再用小火炒 1 ～ 2 分鐘，然後加入番茄。
把新鮮番茄泥、羅勒葉和黑胡椒加進去，再加
入月桂葉，小火燜煮約 20 分鐘。將月桂葉取
出來，可以用果汁機把醬汁打得更細，趁熱和麵一起供食。

你可以這樣做

❦ 可以試試把這醬汁調辣，加入一些乾辣椒片即可。

❦ 加入一些刨成細絲的芹菜和胡蘿蔔 ，再加一些蔥添加風味。

❦ 可以試試用新鮮的聖女或櫻桃小番茄（切碎或切半）再加一些
　義大利番茄泥，取代罐頭番茄。

☼ 鮪魚番茄麵

這是一道真的非常簡單、美味、櫥窗廣告級的食譜,就算沒有時間做菜也能做的料理。

分量:2 個大人和 1 個寶寶
材料:・225 公克造型義大利麵
　　　・油,炒菜用
　　　・1 顆中型紅洋蔥,切細
　　　・185 公克罐頭鮪魚排(泡清水或油漬)
　　　・1 瓣蒜頭, 切細或壓碎
　　　・1 茶匙乾綜合香草料/普羅旺斯綜合香草料
　　　・400 公克罐頭番茄,切碎,或 400 毫升義大利番茄泥,或各半
　　　・1 碟義大利葡萄醋,增添風味

根據麵條包裝上的指示,在一鍋滾水中煮麵,煮好後瀝乾水分。

同時動手製作醬汁。鍋中熱油,將洋蔥炒幾分鐘,直到變軟。把鮪魚弄碎,和蒜頭一起加入鍋子裡,煮 2 ～ 3 分鐘。再加入香草並好好攪拌混合,然後加入番茄或義大利番茄泥,以及義大利葡萄醋,攪拌一番。燜煮約 5 分鐘,如果你想要醬汁更濃稠,時間可以加長。

把醬汁澆在麵上面,旁邊附上沙拉一起供食。

☀ 乳酪通心粉

　　這道受大家歡迎的美味食譜似乎有點偏鹹，所以不要太常給寶寶吃。你可以在醬汁中加入一些蔬菜，讓這道餐食的營養均衡一些。

　　「卡倫真的很喜歡乳酪通心粉。我們一向在那裡面放青花椰菜、 洋蔥和花椰菜。他會很仔細的把洋蔥挑出來，然後吃掉其他的。」

　　　　　　　　　　　　　　海倫，十一個月大卡倫的媽媽

分量：2 個大人和 1 個寶寶
材料：・225 公克通心粉 （或其他管子狀或螺旋狀的
　　　　造型麵）
　　　・25 公克奶油（無鹽）
　　　・25 公克中筋麵粉
　　　・300 毫升牛奶
　　　・50 ～ 100 公克乳酪，刨絲 （帕
　　　　馬森乳酪和切達乳酪混合也很
　　　　好）
　　　・一點伍斯特辣醋醬，增添風味
　　　　（自由選擇）

· 肉荳蔻，磨碎，或 1/2 茶匙研磨好的肉荳蔻
（自由選擇）
· 40 公克麵包屑（自由選擇）
· 8 ～ 10 顆粒櫻桃小番茄，切半（自由選擇）

將烤箱預熱到攝氏 200 度。根據麵條包裝上的指示，在一鍋滾水中煮麵，煮好後瀝乾水分。

同時動手製作醬汁。在一口鍋中融化奶油，把麵粉攪拌進去，小火煮 2 ～ 3 分鐘直到混合的材料開始冒泡。鍋子離火，並一點一點慢慢加入牛奶，持續不斷地攪拌。鍋子回爐加熱，煮滾並持續攪拌。燜煮直到湯汁變濃稠，過程中需不斷攪動。

鍋子離火並把所有的乳酪都攪拌進去，把伍斯特辣醋醬和肉荳蔻都放進去。將煮好的麵倒進去，好好攪拌。

將混合的食材都倒進一個烤盤裡，撒上剩下的乳酪和麵包屑，並把櫻桃番茄擺在上面（切面朝上）。放進烤箱烘烤 10 ～ 20 分鐘，直到乳酪冒泡並開始轉為棕色。

趁熱供食，配上沙拉或蔬菜。

義大利肉醬醬汁

很多寶寶都喜歡義大利波隆內肉醬（註：我們俗稱的義大利肉醬就是這一種肉醬！）他們只要能抓得起來，經常就會一把推進嘴巴裡。如果你炒的時候留一些絞肉糰不撥散，寶寶可以很輕易地撿起來。如果你打算把這種醬汁三杯淋在義大利麵條上給寶寶吃，請把照相機準備好，你家寶寶肯定會搞到一團亂，亂到很美妙！

分量：2 個大人和 1 個寶寶
材料：・20 公克培根燻肉或 1 片薄五花肉，切細（用
　　　　剪刀比較容易剪）
　　　・1 顆中型紅洋蔥，切細
　　　・油，煎炒用（有需要的話）
　　　・200 公克瘦牛絞肉
　　　・1 瓣蒜頭，切細或壓碎（自由選擇）
　　　・1 顆中型胡蘿蔔，切細或磨碎
　　　・1 支芹菜莖，去筋並切細
　　　・50 公克洋菇，切片
　　　・400 公克罐頭番茄，切好
　　　・1 湯匙番茄磨泥
　　　・1 ～ 2 茶匙乾燥的奧瑞岡葉或 1 湯匙新鮮的
　　　　奧瑞岡葉
　　　・1 片月桂葉
　　　・1 小束新鮮的羅勒，葉子撕碎
　　　・現磨黑胡椒，增添風味（自由選擇）
　　　・約 40 公克帕馬森乳酪，上餐時用

將炒鍋燒熱，加入培根和洋蔥，炒到洋蔥變軟（培根有脂肪，所以你或許根本不需要用油）。加入牛絞肉炒約 5 分鐘，直到碎肉變成棕色。加入蒜頭後再煮 1 分鐘。接著加入胡蘿蔔、芹菜、洋菇、番茄、番茄磨泥和奧勒岡葉，並混合均勻。加入月桂葉煮滾，蓋上蓋子，燜煮 20 分鐘。偶而檢查一下，如果醬汁太稠，加 一點點水。

在供食之前把月桂葉取出並加入撕碎的羅勒葉，還可以加些黑胡椒。撒上剛刨絲或削成屑的帕馬森乳酪乳酪。

趁熱供食，加上你自選的麵，把醬汁拌入或倒在上面，單獨吃或搭配綠色沙拉沙拉都好。

存放：義大利肉醬冷凍沒問題，所以你在有空的時候，可以多做兩至三分起來備用。

秘訣：許多人都説，義大利肉醬提前在幾個小時之前做，之後放進冰箱，風味就會熟化，味道較佳（在供食之前，一定還要徹底加熱過）。如果你的醬汁是為千層麵而做，可以多加一點水，讓醬汁稀一點。

你可以這樣做

- 你可以用豬絞肉，或是半豬半肉的混合絞肉，製作類似的醬汁。
- 如果你有簡易的番茄醬汁，只要炒一下絞肉，把醬汁拌入，煮到完全熱透即可。

蘆筍麵

「我們拿蘆筍給湯姆，不過我覺得他把它當成四季豆（一種他很愛的蔬菜），所以臉上出現一副困惑又失望的模樣。我不認為他討厭蘆筍，只是，蘆筍並非他所期待的東西。」

麗茲，兩歲大湯姆的媽媽

分量：2 個大人和 1 個寶寶
材料：・225 公克義大利造型麵
　　　・12 根中等大小的整枝蘆筍
　　　・約 25 公克奶油（無鹽）
　　　・2 瓣蒜頭，壓碎
　　　・1 湯匙新鮮羅勒葉，切碎
　　　・25 公克帕馬森乳酪乳酪，刨絲

根據麵條包裝上的指示，在一鍋滾水中煮麵，煮好後瀝乾水分。同時把蘆筍削皮，底部老的部分切掉。

把嫩尖的部分煮 5 分鐘，煮到變軟。大鍋以小火融化奶油，加入蒜頭，小火煮 30 秒，把瀝乾的麵和羅勒葉拌進去，蘆筍的嫩尖也放進去混合，這樣才能沾覆奶油。

撒些帕馬森乳酪並趁熱供食，搭配綠色沙拉一起食用。

你可以這樣做

🍒 四季豆、紅花菜豆或青花椰菜切片，可以取代蘆筍。

🍒 你可以把 185 公克的罐頭鮪魚（油漬，不要泡鹽水的）拌入義大利麵裡。

🍒 可以試著用新鮮巴西利或鼠尾草來取代羅勒葉。

經典千層麵

很多寶寶都超喜歡一層一層拆除千層麵，享受把裡面不同食材個別吃下肚的樂趣，不過剛開始學吃的寶寶卻可能會覺得食物不容易拿起來，所以旁邊上一道能夠輕鬆拿起來吃的食物，例如青花椰菜，是個不錯的作法。

千層麵使用的兩種主要醬汁（通常是義大利肉醬和白醬醬汁或乳酪醬汁）都適合大量製作，如果你有已經做好的醬汁，這道料理做起來更快速。尤其是，你還買了不必事先先煮的千層麵皮。

如果這道菜是從零開始做，那麼你的時間就必須很充裕。而盤子的大小決定了千層麵可以堆疊的層數，如果你只想要兩層，那麼就選個寬盤子。

分量：2 個大人和 1 個寶寶
材料：・一些義大利肉醬醬汁
　　　・快煮千層麵皮（最多到十層）
　　　・2 ～ 3 批義大利白醬或乳酪醬汁
　　　・3 顆中等大小番茄， 切片（自由選擇）
　　　・約 50 公克帕馬森乳酪乳酪，刨絲（如果你
　　　　用的是乳酪醬汁，分量要少一點）
　　　・磨碎的肉荳蔻

將烤箱預熱到攝氏 190 度。在烤盤底部先放上一層義大利肉醬，上面蓋上一層千層麵麵皮，盡量減少重疊。倒入一層義大利白醬或乳酪醬汁。這個步驟可以重複到最多三層，層數要看盤子寬度而定，請確定，裡面至少有一層必須是義大利白醬或乳酪醬汁。

秘訣： 請確定你的醬汁夠稀，因為千層麵皮會從裡面吸收水分。必要的話，加一點水（到義大利肉醬醬汁）或牛奶（到白醬或乳酪醬汁）裡去。

把番茄片排在上面，撒上帕馬森乳酪和肉荳蔻。放進烤箱，烘烤大約 30 分鐘，直到上面呈現棕色。

趁熱供食，粗切成塊狀，配上簡單的綠色沙拉，或一些青花椰菜或四季豆。

焗烤波特貝羅洋菇培根蛋麵

培根蛋麵（Carbonara）的傳統作法要加入一顆生蛋，但是這個美味版本是不加蛋的。把肥厚又大朵的波特貝羅洋菇切成片可以讓寶寶有容易握住的形狀可以手拿，不過小朵的品嚐起來，滋味一樣鮮美。

分量：2 個大人和 1 個寶寶
材料：・225 公克造型義大利麵
　　　・50 公克奶油 （無鹽）
　　　・2 片五花培根肉，切成小塊
　　　・4 顆大朵的波特貝羅洋菇（ Portobello mushroom）切成厚片
　　　・1 ～ 2 瓣蒜頭，切細或壓碎
　　　・250 毫升鮮奶油
　　　・1 湯匙新鮮巴西利或羅勒葉，切碎
　　　・25 公克帕馬森乳酪乳酪，刨絲

根據麵條包裝上的指示，在一鍋滾水中煮麵，煮好後瀝乾水分。

用小火在大鍋中融化奶油，加入培根肉片，低溫炒 1 分鐘。加入洋菇切片和蒜頭再炒 2 分鐘。把鮮奶油攪拌進去，加入巴西利或羅勒葉，小火繼續煮 3 ～ 4 分鐘，偶而攪拌一下。

把醬汁倒到麵上，並撒上帕馬森乳酪乳酪。趁熱供食，配上綠色沙拉一起食用。

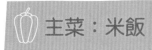 主菜：米飯

　　米飯是幫助寶寶培養自我餵食技巧的一種好食材，不過寶寶如果剛開始學吃，米飯倒是不用非得要煮到「完美」的鬆軟，粒粒分明。大多數的寶寶比較容易處理可以成糰可以拿起來的飯，像是泰國香米、日本壽司米或義大利燉飯米煮出來的飯。如果你家裡只有長種米（註：較硬，煮前必須泡），那麼就煮久一點，讓米飯可以黏在一起。稍後，當寶寶開始施起他的捏功之後，就會喜歡去撿粒粒分明的米粒了。

　　米在煮之前要先用冷水洗過（除了免洗米，或是美國出產的維生素添加米，米一洗完，營養素就不見了。）

　　一般的準則是，米需要吸收和本身等量的水（1 杯米吸收 1 杯水的比例），不過要多加入一點進去，以便有多的水可以化為水汽蒸發。不過，煮飯的時候水加太多，米飯會太黏——就好像煮的時候太快沸騰並攪動情形。印度香米傳統上都是預先浸泡好水的，這樣煮的時候米粒才會分明（在上桌前用叉子壓蓬鬆）。一般來說，煮米飯的時候跟著米包裝上的說明去做準沒錯，效果最好。

　　「如果米飯有一點黏，但又不是破碎得太厲害，幫助就不小。我們有一些印度香米，我在給莎菲亞之前才攪拌，讓米飯蓬鬆起來。」

　　　　　　　　花瑞達，　兩歲大雅思拉和八個月大莎菲亞的媽媽

煮義大利燉飯

　　義大利燉飯（Risotto）是 BLW 的一道好菜色。這是剛學吃幾個禮拜的寶寶吃米飯最簡單的方法之一，他們可以把軟的部分撿起來，一把抓起美味、濃郁的米飯，又推又擠地塞入自己嘴裡。可以加入義大利燉飯的食材有很多，大小和形狀都很容易調整成適合寶寶拿取的樣子。義大利燉飯也能在湯匙上附著得很好，可以讓年紀大一點的寶寶拿來作為餐具的練手之用。

　　使用適當的義大利燉飯米，做出來的口感最好，米的品種最好是愛寶里奧米（arborio；註：義大利產的一種圓米，較耐久煮）或卡納羅利米（carnaroli，註：也是義大利產的一種米，米粒大而細長，較耐久煮）。加入帕馬森乳酪和一點奶油可以讓米粒更容易黏附在一起。

　　做義大利燉飯時，加高湯時，高湯必須是熱的，所以高湯必須在義大利燉飯旁的另外一口鍋子用小火熬著，每次一點一點少量的加入。傳統的義大利燉飯需要幾乎不斷地攪動，那時，寶寶如果是背在你背上，或是很快睡著就沒關係，但如果寶寶需要你的注意，那可就麻煩了，所以我們這裡也提供了一種用烤箱烤的替代方式。多餘沒吃完的飯，可以用來製作西西里炸飯糰（Arancini）。

☼ 繽紛雞肉義大利燉飯

這道義大利燉飯讓寶寶有許多不同的形狀、風味和顏色可以好好探索。

分量：2 個大人和 1 個寶寶
材料：· 1 湯匙橄欖油
　　　· 25 ～ 50 公克奶油（無鹽）
　　　· 1 顆小洋蔥，切碎或切片
　　　· 200 ～ 300 公克雞肉，切成適合
　　　　寶寶的棒狀
　　　· 約 750 毫升雞肉高湯（低鹽或自家製）
　　　· 1 顆小紅色彩椒，去籽並切成適合寶寶的棒
　　　　狀
　　　· 1 條小條櫛瓜，切成適合寶寶的棒狀
　　　· 1 把甜玉米粒（罐頭或冷凍的）
　　　· 250 公克（大約 3/4 大杯）義大利燉飯米
　　　· 2 湯匙帕馬森乳酪，刨絲
　　　· 現磨黑胡椒，增添風味

鍋中加熱油和奶油。奶油融化後,加入洋蔥並炒到變軟。加入雞肉,小火煎到雞肉呈現白色。

同時,把高湯放在另外一口鍋中加熱。

把彩椒和櫛瓜加到雞肉鍋裡,再用小火炒 3 ～ 4 分鐘,直到開始變軟,接著加入甜玉米(如果有加的話)。加入米飯並攪動,要確定所有的飯粒都附上一層薄薄的奶油(需要的話,可以多加一點奶油或油進去)。

加入熱高湯到米飯的混合食材裡,一次一杓,持續攪動,直到每一杓湯汁都被米飯吸收。小火燜煮,持續加入高湯(未必要把所有高湯都加完),直到米飯變蓬鬆,但還帶著「咬勁」,鍋中食材整體的濃稠度有如鮮奶油程度(煮到這個程度大約需要 20 ～ 25 分鐘)。

鍋子離火,拌入帕馬森乳酪和黑胡椒,並上桌供食。

你可以這樣做

☙ 你可以使用不同的蔬菜,像是豆子或洋菇。

☙ 這道菜餚不加雞肉,或以蔬菜高湯取代雞肉高湯也一樣美味。

☀ 義大利洋菇燉飯

這道義大利燉飯可以使用任何一種品種的洋菇來製作，但是採用大朵的洋菇（例如 Portobello 波特貝羅洋菇） 剛學吃的寶寶能夠把洋菇拿起來的機會就更高。

分量：2 個大人和 1 個寶寶

材料：
- 約 750 毫升雞肉高湯（低鹽或自家製）
- 2 湯匙橄欖油
- 1 顆小洋蔥，切細
- 1 瓣蒜頭，切細或壓碎（自由選擇）
- 200 公克新鮮洋菇，切片（栗子洋菇 chestnut 或波特貝羅洋菇 Portobello 都很好）
- 250 公克（大約 3/4 大杯）義大利燉飯米
- 一坨奶油（無鹽）
- 25 公克帕馬森乳酪乳酪，刨絲
- 現磨黑胡椒，增添風味
- 2 湯匙新鮮巴西利，切碎（自由選擇）

將高湯放入鍋中開火加熱。

在第二口鍋中熱油，加入洋蔥炒軟。加入蒜頭，並在幾秒後加入洋菇，炒約 2 分鐘。加入米飯並加以攪拌，確定所有的飯粒上都包覆了薄薄的一層油。

　　加入熱高湯，一次一杓，持續攪拌，直到每一杓湯汁都被米飯吸收。小火燜煮，持續加入高湯（未必要把所有高湯都加完），直到米飯變蓬鬆，但還帶著「咬勁」，鍋中食材整體的濃稠度有如鮮奶油程度（煮到這個程度大約需要 20 ～ 25 分鐘）。

　　鍋子離火，並加入奶油、帕馬森乳酪和黑胡椒。

　　好好攪拌均勻並上桌供食， 撒上切碎的巴西利。

你可以這樣做

🥄 烤過的新鮮洋菇拿來作為加料也很適合。

鮮茄櫛瓜義大利燉飯

　　如果你沒時間在爐火上不斷攪拌，這道義大利燉飯是一個做起來比較簡單的選項，而且和其他所有義大利燉飯一樣，你家寶寶會喜歡抓起一把軟軟的米飯。如果他還需要棒子形狀的食材，茄子和櫛瓜都能夠很輕易地切成適合的形狀。

分量：2 個大人和 1 個寶寶
材料：・500 ～ 600 毫升蔬菜高湯（低鹽或自家製 ）
　　　・2 湯匙橄欖油
　　　・1 顆中型洋蔥，切碎

·2 瓣蒜頭，切細或壓碎
·1 條小條茄子，切成適合寶寶的棒狀
·1 顆中型櫛瓜，切成適合寶寶的棒狀
·250 公克（大約 3/4 大杯）義大利燉飯
·一坨奶油 （自由選擇）
·60 公克帕馬森乳酪乳酪，刨絲
·現磨黑胡椒，增添風味（自由選擇）

將烤箱預熱到攝氏 200 度，並將高湯放入鍋中開火加熱。

燉鍋入油加熱（最好使用不怕火的燉鍋，這樣下一個階段食材就不必換鍋了），加入洋蔥炒軟。

加入蒜頭，並在幾秒後加入其他蔬菜，煮到蔬菜開始變軟。加入米飯並加以攪拌，確定所有的飯粒上都包覆了薄薄的一層油。加入 500 毫升高湯煮滾。

蓋上蓋子（或將所有混合食材從炒鍋移到可以進烤箱的燉鍋去），放進烤箱烘烤 30 分鐘，然後溫和地攪拌，需要的話可以加更多高湯。再送進烤箱烤 10 分鐘。

從烤箱中拿出來，檢查一下米飯的狀態；如果已經熟了，就加入奶油 （如果使有加的話）、帕馬森乳酪和黑胡椒，並再度攪拌。

蓋上蓋子並放置幾分鐘再上桌。

印度蔬菜香飯

這道菜色搭配咖哩來吃很美味，是白飯之外一個很不錯的變化。

米飯煮之前要先浸泡，這樣煮出來才會粒粒分明，當寶寶能夠開始撿起小東西時，這是最適合他的了！

「雄恩在學會捏這動作並把豆子撿起來的時候，開心地不得了。他就是喜歡，而且會花很長的時間去撿、小心翼翼地撿，一次一個，而且他吃得好多。他可以在那裡待很久！」

潘 ，十三個月大雄恩的媽媽

分量：2 個大人和 1 個寶寶
材料：・100 公克印度香米
　　　・1 湯匙葵花油
　　　・1 茶匙小茴香籽
　　　・1 條大條胡蘿蔔，切細丁
　　　・150 公克冷凍豆子
　　　・1 瓣蒜頭，切細或壓碎
　　　・1 小撮辣椒粉
　　　・滾水

將洗好的米用冷水浸泡約 30 分鐘再煮。以小火加熱鍋中的油和小茴香籽（茴香籽不要炒得太黑），加入瀝乾的米、蔬菜、蒜頭和辣椒粉，攪拌並混合均勻。

秘訣：本道菜餚做好後，可以加入一些濃厚的天然優格，這樣寶寶比較容易用手去拿。

倒入滾水，水要淹過食材約 1 公分高。蓋上蓋子，回爐子上煮滾，燜煮 10 ～ 15 分鐘，直到所有的水分被米吸收，而米飯本身也變蓬鬆。

用一支叉子弄鬆，和咖哩一起上桌食用。

配菜與蔬菜

　　剛開始學吃固體食物的寶寶在配菜上獲得的樂趣常常高於主菜，所以配菜最好多多變化，讓他們有很多新的東西可以嘗試。

蔬菜的準備工作與料理方式

　　所有蔬菜在料理之前，都應該用冷水徹底洗乾淨，尤其是細香蔥和葉菜類，像非包心的白菜，葉與葉之間有時候還會帶著土。根莖類蔬菜如果不是有機種植，最好把皮削掉，因為肥料和農藥常會累積在外皮上。有機的根莖蔬菜則可以不削皮，保留外皮的營養。

蒸蔬菜和水煮蔬菜

　　把蔬菜切成適合寶寶拿取的形狀及大小（參見第 41 頁）。請確保同類型的蔬菜被切成大小相同，這樣烹煮的時間才會一致：

- **根莖類蔬菜，例如胡蘿蔔和歐防風（白蘿蔔）**：切成厚厚的如扇形或棒狀。
- **馬鈴薯**：看馬鈴薯本身的大小，切成兩半、四分或更小。小馬鈴薯可以整顆煮。

💚 **葉菜類**：切碎、撕碎，或整葉整棵。

💚 **青花椰菜和花椰菜**：依照小花來切，保留一些梗。

💚 **四季豆**：兩端修（頭和尾，去筋；短種四季豆，又名細四季豆
或法國四季豆，可以整莢留或折成一半，不過紅花菜豆或長豆就
需要切片）。

💚 **抱子甘藍**：皺葉部分要修一修，每一株的底
部用刀劃一個「X」（可以較快煮熟）。

蒸蔬菜

　　和水煮相比，蔬菜用蒸的可以保留更多風味、口感、營養以及
色彩。如果你沒有蒸籠，可以用一般的鍋，加一個金屬小蒸籃來蒸，
用正面朝上的盤子來蒸也可以。也可以用微波爐來「蒸」。

💚 **爐火**：蒸籠鍋中的水要先煮沸，蓋子蓋上 1 ～ 2 分鐘。檢查看
看，別讓熱水冒出來的泡泡進入蒸籃裡，萬一跑進去了，就把水
倒掉。需要最多時間才會熟的蔬菜先放蒸籠裡（例如，馬鈴薯和
胡蘿蔔），蓋子蓋上。煮到一段時間後，把容易熟的蔬菜放進去
（最好能放在不同區段去蒸，如果沒有的話，直接放在其他蔬菜
上面。但不要放太多，因為蒸汽必須能夠自由循環）。

💚 **時間**：至於料理的時間則看蔬菜類型、放入鍋中的分量、切得
多小塊、以及你想要它有脆。一般來說，雖然硬的根莖類蔬菜（例
如馬鈴薯）耗時最久，鬆散的綠色葉菜（如白菜）可以用刀子測
試一下，或嚐一嚐，檢查一下，看蔬菜是否硬到足以讓寶寶握住，
但軟到可以讓寶寶咀嚼得動。

☙ **微波爐：**將準備好的蔬菜放進可以進微波爐的碗裡，碗底放些水。用蓋子鬆鬆地蓋住，保鮮膜封住也行（只是上面要用鑽子或尖銳的刀子戳些洞。）料理的時間依照蔬菜的種類，以及你想要的軟硬度而有所不同。根莖類蔬菜，像是馬鈴薯和胡蘿蔔，烹飪的時間就長些，必須跟葉菜類分開料理。

爐火蒸蔬菜大約的料理時間

菠菜／青江菜	1－2 分鐘
綠色葉菜	3－5 分鐘 （煮熟後會變成翠綠色）
青花椰菜／花椰菜	5－10 分鐘 （測試一下軟嫩度）
四季豆	10 分鐘 （測試一下軟嫩度）
蘆筍	10 分鐘 （測試一下軟嫩度）
胡蘿蔔	15 分鐘 （測試一下軟嫩度）
抱子甘藍	15 分鐘 （測試一下軟嫩度）
甜玉米（帶棒）	15 分鐘 （測試一下軟嫩度）
芋頭	20－25 分鐘 （測試一下軟嫩度）
馬鈴薯	20－30 分鐘 （測試一下軟硬度）

水煮蔬菜

　　雖然大多數的蔬菜蒸食可以保留較多營養，但是水煮比較快，而且某些蔬菜例如冷凍豆子，水煮比蒸食好吃。把馬鈴薯放入冷水中，煮到水滾可以去掉一些澱粉，而其他的蔬菜及小馬鈴薯則在沸騰的水中煮最好，這樣料理的時間可以盡量縮短，保留蔬菜中的維生素。

蔬菜放到鍋子裡，水要重新煮滾，然後蓋上蓋子，燜煮到菜變軟嫩。料理的時間會比蒸的來得短；覺得好了之後，用尖銳的刀子試一下。喜歡的話，蔬菜可以用高湯（低鹽或自家製）煮，以增添風味。

烤蔬菜

烤蔬菜會讓蔬菜有種迷人的香甜味，而且寶寶也容易用手抓。如果烤箱裡正在做另一道料理，那麼烤蔬菜就是很實用的選項。烤箱溫度設為攝氏 200 度，蔬菜都可以烤得很成功。請記住，溫度設得愈高，蔬菜就必須切得愈小塊，這樣才不會裡面還未烤熟，外層就烤焦了。這基本的原則適用於所有種類的蔬菜，只不過烘烤的時間不同罷了。如果有些硬的蔬菜必須儘快烤好，例如馬鈴薯，你可以先用水煮 5 ～ 10 分鐘，再進烤箱烤。

烤馬鈴薯

將烤箱預熱到攝氏 200 度。馬鈴薯去皮（或刷洗乾淨），切成大小平均的塊狀。放入一口大鍋中，水滾之後再煮約 5 ～ 10 分鐘，然後用漏杓將水仔細瀝乾（馬鈴薯進烤箱烤之前先水煮可以讓外表漂亮又酥脆。）

把漏杓中的馬鈴薯抖一抖，你搖晃抖動的次數愈多，馬鈴薯就愈酥脆。只是不要做過頭了，不然寶寶可能無法處理。

馬鈴薯弄乾後，在一個小烤盤中加入足量的油，分量剛好蓋住

底部（在火爐上也可以）。把馬鈴薯加進去沾油，翻面、搖晃都好，確定馬鈴薯所有的表面都能沾上一層薄薄的油。檢查一下每塊馬鈴薯之間是否有一些空間，然後放進去烤約 1 個鐘頭（小塊的時間可以縮短），烤到一半時要翻面。

厚三角形角塊和馬鈴薯條

楔形角和條狀，小手握起來都很方便，煮的時候也比一般烤馬鈴薯快。以這種料理方式處理，無論是甘藷或馬鈴薯都很美味。

將烤箱預熱到攝氏 200 度。馬鈴薯留皮，切成厚三角形的角塊（或是厚條），邊切邊放入盛著冷水的碗中，瀝乾後用茶巾吸乾水分。

在一個小烤盤中加入足量的油，分量剛好蓋住底部（在火爐上也可以）。把馬鈴薯角塊加進去沾油，翻面、搖晃都好，確保馬鈴薯所有的表面都能沾上一層薄薄的油。檢查一下每塊馬鈴薯之間是否有一些空間，然後放進烤箱烤約 30 ～ 40 分鐘。

烤冬季蔬菜

胡蘿蔔、歐防風（白蘿蔔）、甜菜根、洋蔥和瓜類（或南瓜）好好組合一下就是很好的冬季什錦蔬菜。

將烤箱預熱到攝氏 200 度。蔬菜去皮，然後把胡蘿蔔和歐防風（白蘿蔔）對半切（如果很大就切成四分，不要切得太小塊，因為烤好之後常會縮小許多）。如果中心有硬核，就去掉。甜菜根去皮

和洋蔥一起切成塊。

南瓜類的外皮留著（這樣南瓜塊烤後就能保持原來的形狀，而寶寶也能輕易的握住）並切成厚三角形的角塊或塊狀。

在一個小烤盤中加入足量的油，分量剛好蓋住底部（在火爐上也可以）。把蔬菜加進去沾油，翻面、搖晃都好，要確定每一塊蔬菜的表面都能沾上一層薄薄的油。檢查一下每塊蔬菜之間是否有一些空間，然後放進去烤 30 ～ 40 分鐘。

烤夏季蔬菜

茄子、櫛瓜、紅色彩椒、橙色彩椒或黃色彩椒、番茄、茴香、紅洋蔥和蒜頭可以做成一道美味的什錦烤蔬菜精選。這些蔬菜可以放進主菜裡，或拌進古斯米或麵裡，也可當做沙拉冷食。

將烤箱預熱到攝氏 200 度。保留蔬菜的外皮（除了洋蔥）並粗切成差不多的大小。櫛瓜可以切成一半長、彩椒則切成四分（去籽），並把茄子、洋蔥和茴香切成大塊。蒜頭球和番茄可以整顆烤。

在一個小烤盤中加入足量的油，分量剛好蓋住底部（在火爐上也可以）。把蔬菜加進去沾油，翻面、搖晃都好，要確定每一塊蔬菜的表面都能沾上一層薄薄的油。檢

秘訣：馬鈴薯可以跟其他蔬菜一起烤，只是要切小塊一點或三角形的角塊，這樣烤的時間才會一樣（馬鈴薯的大小應該是其他蔬菜的一半）。

查一下每塊蔬菜之間是否有一些空間，然後放進去烤約20～30分鐘。

秘訣：蔬菜在烤之前，可以嘗試加一點香草，例如迷迭香、百里香，或是先用味道強烈的醃料醃 1 個小時左右，放進橄欖油葡萄醋中醃也可以。

燒烤蔬菜

彩椒、茄子、櫛瓜和番茄這一類的蔬菜用明火上烤架烤相當美味，對剛開始 BLW 的寶寶來說再完美不過了。

將烤架預熱到高溫。番茄切對半，其他蔬菜切粗的條狀。刷上一點油，放在熱的烤架上。

10 分鐘之後，將蔬菜（除了番茄之外）翻面，這樣才能兩面都烤到。用烤架烤蔬菜，大部分的蔬菜大約需要 20 分鐘，確切時間則看厚度而定。你覺得好的時候，看看軟嫩度如何。

「銳雷討厭吃蒸櫛瓜， 但他愛吃明火烤的，用烤架烤出來的好吃太多了，這是他許久以來一直都愛吃的。」

凱絲， 二 歲大銳雷的媽媽

馬鈴薯泥和其他蔬菜

　　許多根莖類蔬菜都可以壓成泥，所以未必要執著於經典的馬鈴薯泥。甘藷、芋頭、胡蘿蔔、蕪菁和蕪菁甘藍也都不錯，無論是單獨壓泥或是混合馬鈴薯壓泥（可以讓馬鈴薯泥多一點顏色和甘甜的味道），進行搭配組合，舉例來說，胡蘿蔔配上蕪菁甘藍，都很好。

　　將蔬菜蒸熟或水煮約 20 ～ 25 分鐘，確定蔬菜已經煮熟煮軟了，然後視需要瀝乾。可以使用馬鈴薯壓泥器、大的叉子或是手持的料理棒壓成泥後，加入一點點奶油（無鹽）和牛奶（或鮮奶油），根據你要的溼潤度決定奶油和牛奶的量。可以加一點黑胡椒增添風味，立刻上桌供食。

你可以這樣做

- 可以嘗試把刨絲的乳酪或切得很細的蔥花加到馬鈴薯泥裡。

- 想要馬鈴薯泥更加滑順，可以用牛奶取代水來煮馬鈴薯。用剛好足夠的牛奶，也就是幾乎馬鈴薯一半高度的量來煮，煮好後，馬鈴薯中加入牛奶和些許奶油來壓成泥。

古斯米

　　古斯米很容易煮，也很快煮好，可以作為米飯或麵的優質替代。大多數的古斯米在超市販賣時，都是以「快煮」型態販售的，只要加入熱水沖泡就行（原味的古斯米比加味的好，因為加味版通常會加鹽。）真正的古斯米必須用蒸的，而且蒸的時間較久。無論你購買哪一種，只要根據包裝說明去料理就可以了。

你可以這樣做

- 把熱水倒進乾的古斯米之前，可以先加入切細的洋蔥或蒜頭，或在上桌供食之前拌入切好的新鮮香草。

- 可以在泡好的古斯米中加一些蔬菜進去，例如烤好的彩椒絲或蒸好的甜菜根（必要的話切碎或切片），這樣還能作為顏色繽紛又美味的配菜。

麵疙瘩

麵疙瘩是老食譜了，不過卻是幫助你家小寶寶用手指處理湯品或燉菜的好方法，餃子通常用同一口鍋子煮。

分量：約可製作 16 顆疙瘩
材料：・50 公克自發性麵粉，多一點作為手粉用
　　　・25 公克牛油（弄碎）或結凍的奶油，磨碎
　　　・1 茶匙乾燥綜合香草料（自由選擇）
　　　・1 小撮現磨黑胡椒（自由選擇）

將麵粉、牛油或奶油、香草和黑胡椒混合在一起，加入剛好夠將麵糰和在一起的水，揉成有彈性的麵糰。

將麵糰分為 16 分，每一分都搓成一個丸形。把麵糰丸子加入小火燜煮的湯中，熬煮 20 分鐘。

你可以這樣做

❦ 想要多些風味，可以加入 1 小顆洋蔥（細磨）和 1 茶匙切好的新鮮百里香，1 湯匙切好的新鮮巴西利或 1 茶匙凱莉茴香（或稱葛縷子 caraway seeds）。

秘訣：想要讓米飯或古斯米更添滋味，可以用低鹽或自家製的肉類或蔬菜高湯取代水來煮。

自家製番茄醬

如果你喜歡吃番茄醬，又不想讓寶寶接觸市售含大量糖和添加物的番茄醬，你可以試試自家製作的版本。自製的番茄醬在冰箱冷藏可以冰不少天，你也可以分裝成小包冷凍起來。

分量：約可製作 220 毫升
材料：・200 毫升去皮去籽的番茄泥（ passata）
　　　・2 茶匙新鮮番茄磨泥
　　　・1 湯匙蘋果醋
　　　・1 瓣蒜頭，切細或壓碎
　　　・1/4 顆洋蔥，切細
　　　・1/4 根芹菜，切細
　　　・2 顆丁香
　　　・1 片月桂葉
　　　・1 小撮綜合辛香料
　　　・1 小撮辣椒

把所有材料放入湯鍋中混合均勻。煮滾後，再燜煮 5 分鐘，偶而攪拌一下。鍋子離火並放置一旁冷卻。

把丁香和肉桂取出，供食之前，放入果汁機打成番茄醬。

你可以這樣做

🍅 可以嘗試加一點辣椒粉進去，做成稍辣的番茄醬。

辣番茄沙拉

辣番茄沙拉和自家製的漢堡、烤魚、烤雞非常搭配。

也可以用它來為三明治和捲餅增添辣味，寶寶一旦能用手抓一把食物送進口中後，這道料理對他們而言也是很棒的。這道沙拉趁新鮮時享受，最為美味（處理過生辣椒後和寶寶接觸之前，請別忘記把手洗乾淨。因為辣椒汁刺激性很強）。

份量：約可製作 250 公克
材料：·2～3 顆大顆的成熟番茄（或數量相當的小番茄）
　　　·1 瓣蒜頭
　　　·2 棵青蔥（或 1 顆小型紅洋蔥）
　　　·約 1 茶匙新鮮辣椒（去籽和除筋）或辣椒片（根據口味調整）
　　　·1/2 顆檸檬汁（約2茶匙）或1/2 顆萊姆汁（大約2茶匙）
　　　·1 湯匙橄欖油
　　　·1～2 湯匙新鮮巴西利或香菜，切碎

　　番茄、蒜頭、洋蔥和新鮮辣椒能切多細就切多細（或者用食物處理器來處理，但別打得太糊）。

　　把檸檬（或萊姆）汁和橄欖油在大碗中混勻。將番茄料和巴西利或香菜加進去，並混合均勻。

　　上桌之前幾分鐘先冰涼一下。

你可以這樣做

- 下列食材中的任何一種都能加到基本的辣番茄沙拉裡：切細的羅勒葉、切細的小黃瓜、切細的紅色彩椒、切細的酪梨、切細的薄荷葉。

甜點

　　甜點並非真正必要，但卻可以成為家中營養的一部分，前提是甜點中不含大量的糖或人工甘味。後面所附的食譜會使用一點糖，但是材料中還包含許多健康的成分，而且含糖量比外面店裡賣的甜點低得多。許多傳統的食譜可以減糖製做，或是改用新鮮或乾燥的水果。添加香料，例如肉桂，也是強化甜味的一個方式。

　　雖然食譜中使用料理用蘋果的餐點通常會加點糖，但是你會發現你家寶寶喜歡水果中天然的酸味。在多數的食譜中，你也可以使用具有天然甜味的蘋果，但選擇風味強烈的水果則要多加注意。

　　當然，最簡單的甜點莫過於生鮮水果，要單獨吃或是跟全脂的天然優格（最好是活菌）一起吃都行。配優格吃的時候，用沾棒或是湯匙都好。不同種類的水果可以給寶寶好好練習如何處理不同口感及材質的機會。

簡簡單單吃甜點

水果沙拉

　　水果沙拉最好採用當季的新鮮水果製做，但是也可以加冷凍水果或罐頭水果（原汁浸泡，不要泡糖漿的）。水果洗乾淨、去皮，切成適當大小（最後再加香蕉，因為香蕉皮一剝掉，果肉很快就變黑。）沙拉裡也可以加一點果汁。做好後儘快上桌，如果需要事先把沙拉做好，可以擠一點檸檬汁進去，蓋上蓋子放進冰箱。

　　「力安喜歡吃柳橙。他會拿著一瓣柳橙吸裡面的汁，吸一吸後丟掉，換一瓣，再吸，直到他吸夠。」

　　　　法藍西絲，凱絲，　二歲大挪亞和十二個月大力安的媽媽

天然果凍

　　看寶寶處理果凍，樂趣無窮！想要製作無糖的果凍，只需要約20 公克粉狀或片狀的吉利丁（植物版的吉利丁或洋菜）和 500 毫升純果汁。根據包裝上的說明來準備吉利丁，將果汁放在鍋中加熱，加入吉利丁，攪拌到吉利丁完全溶化。將果汁混合膠倒入盤子裡放涼，然後冰箱冷藏幾個鐘頭。如果喜歡的話，也可加一些切好的水

果進去，像是無籽的日本小蜜柑或鳳梨，只要在果凍進冰箱前放進去就好。

冷凍香蕉

這是冰淇淋的絕佳替代品。只要把成熟的香蕉剝皮、壓碎並放進冰塊模子裡，或可以放進結冰的容器裡，冷凍 3 ～ 4 個小時，直到香蕉變硬即可。從冷凍庫裡拿出來後，在外面放至少 10 分鐘再供食。

水果優格冰

這是很是可口的夏季甜點。取任何一種新鮮的水果300 公克切丁或冷凍或罐頭的水果（浸泡在原汁，而非糖水中）加上 500 公克全脂的濃郁天然優格（最好是活菌），放入果汁機中攪碎。將混合的果汁乳酪倒進小的冰塊模子裡冷凍。吃之前在室溫中先放上至少 10 分鐘。

如果你想讓水果冰軟一點，可以在水果優格周圍加入 1 湯匙的重乳鮮奶油。製作完成後的 1天左右要吃完。

☀ 烤蘋果炸彈

這是一道很美味的甜點，充滿了優質食材。剛剛開始學吃的寶寶或許已經能握住切成厚三角形的大塊蘋果，把皮留著，這樣寶寶比較握得住。

分量：2 個大人和 1 個寶寶
材料：・約 150 毫升蘋果汁（或些許奶油，無鹽）
　　　・3 顆蘋果
　　　・4 ～ 6 粒紅棗，去核
　　　・60 公克小葡萄乾（自由選擇）
　　　・1 小撮研磨的肉桂或肉荳蔻 （自由選擇）

將烤箱預熱到攝氏 190 度。把大部分的蘋果汁倒入烤盤底部（或使用奶油塗抹烤盤 ）。

蘋果去核（保持整顆完整，不要去皮）放在盤子裡，將蘋果的中心塞滿紅棗、小葡萄乾或葡萄乾，並把剩下的蘋果汁澆在上面。

撒上肉桂或肉荳蔻放進烤箱裡。烘烤約 40 分鐘，或直到蘋果變軟。

溫熱時配上天然優格、法式酸奶油或自家製卡士達。

- 你可以用梨子取代蘋果（選擇果實形狀渾圓，而不要瘦長的）。無論是蘋果或梨子，裡面塞了各種水果乾，若是夏天，塞了像藍莓或黑莓桑椹這樣的新鮮水果，都是很好吃的。加上 1 茶匙的黑糖蜜不僅營養更豐富，還可以為內餡添加一種可口、豐富的味道。不過黑糖蜜相當黏膩，所以寶寶吃完後，準備幫他洗澡吧！

- 如果想製作類似的甜點，但又想縮短料理時間，可以使用切半的蘋果（或梨、加州甜桃或李子），面朝下，烤盤上塗上奶油，上面覆以乾果（事先用一點蘋果汁或柳橙汁泡過）。

溫暖蘋果片

這道甜點作為寶寶的初食以及小手的沾棒，都是很棒的。不僅如此，這道甜點也是老少皆宜，所有年齡層都會覺得很美味的點心。蘋果是一種可以用多種風味來變化的水果。

分量：視需求，想吃多少做多少
材料：・1 顆料理蘋果
　　　・煎炒用奶油（無鹽）
　　　・幾撮研磨的肉桂（自由選擇）

蘋果去皮，切成 8 ～ 12 片三角形，並把核除掉。奶油用炒鍋加熱。

喜歡的話，將蘋果片撒上肉桂，用非常小的火煎約 15 分鐘（時間視蘋果最初的爽脆度而定）所有的面都要煎到，必要的話翻面，直到剛好變軟。

將蘋果片放在吸油紙或廚房紙巾上瀝乾，稍微放涼。

趁溫熱單獨食用或配上自家製作的卡士達、 天然優格或法式酸奶油。

你可以這樣做

- 只要不是煎得太熟（那時就會太軟），三角形的蘋果片可以當做很好的沾棒。
- 試試看把蘋果片壓成泥，塗抹在吐司麵包上。
- 梨子切三角形片同樣也能做出很好的甜點，只要梨本身不會過熟。
- 油裡面添加一點點荳蔻可以增添淡淡的辛香味。

☀ 米布丁

米布丁是一道可愛，吃起來又令人感到開心的菜色，可以用磨成泥的水果來製作，而不用大量的糖，讓點心吃起來也能是健康的。這對剛在學習使用湯匙的寶寶來說是很好的練習機會，冷了之後可以捲成球形，讓小寶寶握在手裡。

分量：2 個大人和 1 個寶寶
材料：・500 毫升牛奶
　　　・50 公克布丁米（短米）
　　　・2 湯匙小火熬煮過的新鮮水果或乾燥水果，用果汁機打成泥（杏桃、紅棗、無花果和芒果可能是最甜的；你也可以使用蘋果、藍莓、黑莓桑椹或梨子）
　　　・1 茶匙香草萃取或 1 條香草莢

將烤箱預熱到攝氏 180 度，並烤盤輕輕抹上一層油。把牛奶倒進湯鍋煮滾，把米和磨成泥的水果，以及香草萃取放進去。

將混合的料進烤盤。如果使用的是香草莢，可以用刀子把莢分開，刮出裡面的香草籽，並把籽和莢一起放進去（上桌之前別忘了把莢取出來）。

用湯匙輕柔地把盤子表面上的米撥平。別擔心米看起來稀稀疏疏，很少的樣子，煮了以後就會漲大。

將盤子放入烤箱並烘烤 15 分鐘，然後把烤箱溫度降低到攝氏 150 度，再烘烤 60 ～ 90 分鐘，或直到米將牛奶完全吸收，布丁上面呈現金黃色。

趁熱供食，或許還可附一點熬煮過的水果，但其實冷食也很美味。

你可以這樣做

- 想要布丁味道更濃郁，可以用鮮奶油取代部分牛奶。

- 傳統的米布丁作法，是用 25 公克的糖取代磨泥的水果。

- 在把米料放烤箱之前，可以把 50 公克的小葡萄乾或切碎的杏桃放進烤盤中。

- 香草可以用 1/2 茶匙的研磨肉桂，或磨碎的肉荳蔻撒在布丁表面來取代，進入烤箱之前撒就好。

☀ 水果烤酥

這道點心用任何一種熬煮過的水果做都不錯，只是傳統上，加蘋果、黑莓桑椹，以及新鮮大黃根（rhubarb）做的或許才稱得上是「經典」。寶寶一旦可以抓起成把食物，推或送到嘴裡，應該就會愛上這道點心。

分量：2 個大人和 1 個寶寶
材料：・奶油（無鹽），塗抹用
　　　・800 ～ 850 公克水果切小塊，小火煮軟（參見第 260 頁）
　　　・100 公克自發性麵粉
　　　・50 公克奶油（最好是無鹽奶油）
　　　・25 ～ 50 公克赤砂糖 （demerara sugar）

將烤箱預熱到攝氏 190 度，把烤盤輕輕抹上一層油。把水果多餘的水分或汁瀝乾，放上烤盤。

把麵粉篩進一個碗裡，奶油切或撥成小方塊，加入麵粉裡，用指尖（或麵粉攪拌器、食物處理器）將奶油搓到麵粉裡去，直到麵粉料看起來像是細細的麵包屑。

把糖攪拌進去，然後將這混合的麵粉綜合料撒到水果上。進烤箱烘烤 25 ～ 30 分鐘，直到表面變成金黃色，而且酥脆。

趁熱吃或放冷吃，單獨吃或配上天然優格、法式酸奶油或自家製卡士達都好。

你可以這樣做

🥄 辛香料或乾果子都能增添風味：一把葡萄乾和一小撮肉荳蔻搭配蘋果非常對味（配黑莓桑椹就不搭了），丁香或一小撮肉桂配上梨子，以及薑搭配新鮮大黃根（Rhubarb）。如果你喜歡用料理蘋果，水果在送烤箱烘焙之前最好加一點糖，糖的分量則視口味調整。食用大黃根和某些品種的李子也需要加點糖進去。

🌞 自家製卡士達

這道點心肯定可以完勝用卡士達粉做出來的卡士達，而且對健康好，吃起來也更美味。食譜中含少量的糖，你可依搭配的食物斟酌減量。

材料：・300 毫升全脂牛奶
　　　・1 個新鮮的香草莢，或 1 茶匙真正的香草萃取
　　　・2 顆蛋黃
　　　・2 茶匙玉米粉
　　　・25 公克細糖粉

將牛奶倒進湯鍋，用小火加熱，直到牛奶將近沸騰，將鍋子離火。同時，用刀子把香草莢切開，拿出裡面細細的籽，將籽和莢都放進牛奶裡。

把蛋黃和玉米粉及糖放入一個耐熱的碗裡攪打，直到蛋汁變厚變白。如果是用香草萃取的話可以在此時加入。將牛奶倒入混合的蛋汁裡，好好攪拌。如果有加香草莢的話，取出丟掉。將蛋汁的混合料放回鍋中。

鍋子重新放回爐上，開小火，並持續攪拌直到蛋奶（卡士達）變得夠濃稠，足以包覆住湯匙背面（最多可能要到 8 分鐘）。

趁熱供食，倒在水果上。像是新鮮的香蕉或桃子。倒在甜點上也可以，例如小火慢煮、或烤的水果、水果烤酥，或是水果派上。

你可以這樣做

🥄 如果你想要更豪華版的卡士達，
用重乳酪鮮奶油或鮮奶油來取代
奶。

☀ 水果熬煮

細火慢燉的水果可以當做很棒的點心，特別是寒冬裡。

大部分新鮮的水果都適合拿來用細火慢燉，其中大家最喜歡的有蘋果、梨子、草莓、李子、黑莓桑椹和黑加崙（香蕉和柑橘類水果不好熬煮）。水果乾（像是杏桃、黑棗、和無花果）也可以拿來慢慢熬煮，但除非這些乾果標示「即食」或是「已先浸泡」，否則就需要在冷水中先浸泡一晚。有些水果，如果口感太酸澀，要根據自己的口味，先加大約 1 茶匙的細糖粉。熟度很高、甜度又高的水果和乾燥水果則不需要加任何的糖。

注意：水果不能用鋁製或鐵製的湯鍋來煮，因為這兩種材質的金屬會和果汁中的酸起作用。

分量：2 個大人和 1 個寶寶
材料：‧500 公克新鮮水果或預先泡過的乾果
　　　‧50 毫升水
　　　‧一些細糖粉，增添風味（自由選擇）

視需要將水果洗淨、去皮並切小塊，然後放進湯鍋裡。加水和糖（如果要加的話）並煮到沸騰。

關小火，蓋上鍋子，燜煮到水果變軟（根據水果的種類，時間從 5 ～ 20 分鐘不等）。偶而檢查一下，確定鍋裡依然有水，避免乾燒，有需要的話，再加一點進去。

趁熱吃或放冷吃，配上自家製的卡士達、優格、法式酸奶油或優格冰淇淋。如果是熱著吃，那麼提供水果給寶寶之前，要測試一下（用嘴品嚐），因為有些部分可能還會非常燙。

你可以這樣做

- 想要做出溫暖的風味時，可以試著把葡萄乾、小葡萄乾或肉荳蔻加到蘋果裡；2 粒丁香和 1 小撮肉桂（或肉桂棒）搭配梨子的效果很好；肉桂和梨子非常搭配，而薑搭配新鮮大黃根口味不錯。

- 你也可以用微波爐燉煮水果，在有蓋的碟子裡加入正好 1 湯匙的水。 這種方式通常能較快煮好。

麵包與糕餅

　　自家烘焙成果令人滿意，樂趣十足，特別是如果你讓你家搖搖晃晃的小傢伙一起來幫忙。自己在家中烘焙的麵包糕餅比大部分市售的好吃多了，還能避免一般麵包店、超市和咖啡店中所售的烘焙產品太過高鹽、高糖。

 動手做麵包

　　自己動手做麵包，所耗費的時間不如聽起來得多，不僅放進去的材料你一清二楚，還有機會運用不同食材進行一番實驗。如果你沒時間依照傳統方式揉麵糰，或是等麵糰發酵，你還是可以利用「簡易麵包」，迅速地做出一條條美味的麵包。

　　自己烘焙製作的麵包幾乎可以確定會比外面市售的更健康，雖然大部分的人會覺得不加鹽，味道有點太淡。對成年人來說，用含鹽的奶油或是有鹹味的塗醬可以讓無鹽麵包變得更加美味，但是食譜配方裡，最多還是以 1 茶匙為上限（這樣也能讓麵包保存得更久）。

　　要成功製作出烘焙食品，酵母必須在溫溫的水、溫熱的手、以及在溫暖的地方讓麵糰進行發酵。而且麵糰幾乎是沒辦法被「傷

害」的，所以放心把精力和挫折感發洩在揉麵上吧！你使出的力氣愈多，東西愈好吃。

　　提醒你，麵糰整形時，分割的體積愈大，烘焙的時間愈久，和小顆或平平的麵包或麵包卷相比，要用較慢的速度（溫度較低）來烘烤。

基本款麵包

　　這個食譜是手揉麵包的配方。如果你用的是麵包機，那麼材料要稍微調整一下（例如，水要少一點）。

分量：製作 1 大條或 12 個小麵包
材料：・15 公克新鮮酵母或 1 又 1/2 茶匙乾酵母（或根據包裝上的說明）加 1 茶匙糖（細糖粉效果最好）
　　　・450 公克高筋麵粉（一半白麵粉、一半全麥麵粉為佳），多一點作為手粉用
　　　・1/2 ～ 1 茶匙鹽（自由選擇）
　　　・1 ～ 2 湯匙油（自由選擇，但是加油，麵包的保溼度較好），外加一些塗抹用
　　　・250 ～ 300 毫升溫水

如果使用的是乾酵母，請根據包裝上的說明使用。

將麵粉和鹽放進一個大碗裡，並在中間挖一個洞。 把油倒進洞裡並加入酵母（或酵母／糖的混合料）。

揉成一個光滑、有彈性的麵糰，必要的話加一點水（如果變得太黏手，只要再加一點麵粉進去就好）。稍軟的混合材料如果放在模型中烤是沒關係的；但如果你要將麵糰整形，放在烘焙紙上，就必須稍微硬一點。

將麵糰放在稍微撒上一點麵粉的平面上，用力揉 5 ～ 10 分鐘，用手指將外面的麵糰往中間拉，然後再用指節將麵糰往外推開，偶而要翻面（第一次揉麵）。

將麵糰放回碗裡，用保鮮膜或一條乾淨的溼茶巾蓋住（避免表皮變硬），放在溫暖的地方至少 45 分鐘，直到體積漲到至少兩倍大，用手指下壓還會往回彈。

1 公斤的吐司模或烘焙紙上薄薄抹上一層油。將麵糰從碗裡面拿出來，用拳頭多打幾次，將裡面的空氣擠出來，然後再揉 2 分鐘（第二次揉麵）。 將麵糰整形，放進模型裡或烘焙紙上。

覆蓋並放著讓麵糰「發酵」（也就是，第二次膨脹）。這個過程大約 20 ～ 30 分鐘。同時， 將烤箱預熱到攝氏 220 度。

當麵糰膨脹升高，放進烤箱烘烤30 ～ 40 分鐘。把麵包倒出來，在網架上放涼。

快速的替代揉麵法

　　如果時間很趕，你做的麵包可以只揉一次麵糰、只發酵一次，只是麵包成品的光滑度會不如二次發酵的。只要照著前頁的說明製作，再使勁、用力地揉一次麵後，將麵糰整形，放進烤模或烘焙紙上，靜置一旁，讓麵糰發到原來的兩倍大（大約 45 分鐘）並放進預熱好的烤箱裡。

你可以這樣做

- 你可以使用不同種類的麵粉實驗看看，像用全麥半麥麵粉（granary）或斯佩爾特麵粉，或是混合的麵粉。一條用半白、半麥麵粉製作的麵包既有全麥的部分好處，又不像全麥麵包口感那麼粗糙。使用一般中筋麵粉製作，效果一般，特殊（高筋）的麵包用麵粉效果最好。

- 用牛奶代替水，麵包比較柔軟；使用融化的奶油（無鹽奶油）代替油會讓麵包風味更濃郁。

保存：發酵過的麵糰在冷藏庫裡面可以保存好幾天，放進冷凍庫更可以保存到三個月之久。只要在第一次發酵後，將裡面的空氣打出來，用保鮮膜封好，放入冰箱即可。在第二次揉麵之前，你必須先拿出來，放在室溫中一段時間才能進行第二次的揉麵及烘焙。烘焙過的大小麵包（參見左頁）也可以冷凍，不過大概只能放一個月，不然麵包皮就會開始壞了。

- 在第二次發酵之前，麵糰裡面可以捲一些葵花籽（或類似的種子）進去，也可以再進烤箱前撒些罌粟籽在上面，讓麵包外皮帶有更多的口感與風味（加進去前，請把寶寶不好食用的種子先壓碎）。

- 你可以把這個基本款麵包食譜加以變化，在混合麵糰時加入不同材料，做出各種美味的大小麵包出來。不妨試試看以下作法：100 公克刨成細絲的乳酪和一小撮現磨黑胡椒、2 湯匙日曬乾番茄（切碎）， 外加 1 茶匙乾燥綜合香草、2 湯匙切碎洋蔥、2 湯匙壓碎葵花籽或南瓜籽 （罌粟籽或芝麻也可以）。

- 想製作水果麵包，可以用融化的（不能用熱的）奶油（無鹽）和溫牛奶取代油和水，加入約 75 公克的果乾，例如葡萄乾，小葡萄乾、杏桃乾（切碎）或藍莓（如果喜歡辛香的話，並加入 1 茶匙研磨的肉桂）。麵包烤一半的時候，上面刷上牛奶，這樣烤好的成品就會有很好的光澤。

☀ 小餐包

　　根據基本款麵包的說明來製作，但是稍微少一點水，麵包的口感就會比較硬。

　　第二次揉麵後（如果時間太趕就第一次），在烘焙紙上刷上薄薄一層油，然後將麵糰切成大約 12 分。

　　將小麵糰整形成小圓形，排在烘焙紙上，兩顆之間的空隙至少要有 5 公分。上面覆以保鮮膜或一條乾淨的溼茶巾，並放置一旁發酵（膨脹）直到大小變成原來的兩倍。

　　將烤箱預熱到攝氏 230 度。 將小餐包送進烤箱烤約 15 分鐘。

你可以這樣做

🐦 基本款麵包後面的選項也適用於小餐包。

☼ 簡易免揉麵包

這款簡易麵包做起來真的很快，而且絕對美味，特別是新鮮出爐後，加一點奶油吃。這款麵包不需要揉麵或發酵，材料本身已經混合好了，放進烤箱後自然會發漲起來，變成很可愛的鄉村麵包。

分量：製作 1 條 500 公克麵包
材料：・250 公克自發性麵粉，多一點作為手粉用
　　　・250 公克全麥麵粉
　　　・1/2 茶匙泡打粉
　　　・1/2 茶匙小蘇打
　　　・1 小撮鹽（自由選擇）
　　　・500 公克天然活菌優格

將烤箱預熱到攝氏 180 度，並準備上面撒了麵粉的烘焙紙。把麵粉、泡打粉，小蘇打粉和鹽放進碗裡，中間挖一個洞。把優格和麵粉混合，做成麵糰。

將麵糰整成圓球形，放到撒了麵粉的烘焙紙上。進烤箱烤 40 ～ 50 分鐘，然後移到網架上放涼。

☀ 玉米餅和印度烤餅

　　扁型的麵餅，像是墨西哥粉玉米餅（ tortillas）和印度烤餅
（Indian chapattis），對寶寶來說，通常會比發酵麵包更容易處理。
這類的餅一般都是用乾鍋子來煎烤的，不必進烤箱，所以做起來很
快（大部分的食譜都會建議麵糰在烘烤前要先「醒」過，但其實未
必需要）。這些餅都是以中筋麵粉製作的，並非使用高筋麵粉，你
也可以用油或奶油來取代傳統的豬油。

分量：製作 10 ～ 15 塊玉米餅（或印度烤餅）
材料：・玉米餅：450 公克中筋麵粉，外加 1 茶匙泡
　　　　打粉
　　　・印度烤餅：450 公克全麥麵粉，或半麥半白，
　　　　多一點麵粉作為手粉用
　　　・25 公克豬油（非氫化）或奶油（無鹽），
　　　　切成小方塊狀放軟，或 2 湯匙油
　　　・約 275 毫升溫水

　　把麵粉（及泡打粉，如果是玉米餅的話）篩進一個大碗裡，在
中間挖一個洞。把豬油或奶油粗略揉入麵粉裡；若用油的話，直接
攪拌進去就好。把 275 毫升的水逐次慢慢倒入（但不一定全部需
要），攪拌成麵糰（如果最後太黏手，多加一點點麵粉進去）。

　　將麵糰放在撒了麵粉的平台上，揉 5 分鐘直到平滑、有彈性。將麵糰分成 10 ～ 15 個小球，大小視玉米餅或印度烤餅有多大來決定。覆蓋和並放置一旁醒 10 ～ 15 分鐘。

　　把大的平板煎鍋或平底鍋先預熱到中高溫。

　　在撒了麵粉的平台上，用沾滿麵粉的擀麵棒將一顆小麵糰擀成薄圓餅，從你站的方向往外擀，麵糰要翻個一、兩次。如果你想用玉米餅／印度烤餅來做為包餅皮，擀得愈薄，煎烤以後愈容易把食材包起來。

　　玉米餅／印度烤餅輕輕撒上一層麵粉，放入熱鍋中，煎 45 ～ 60 秒，直到餅有紙質感出現，而麵皮下層也有點點的棕斑，然後翻面再煎約 30 秒。把煎好的餅疊在一個溫熱的盤子上，蓋上一條乾淨的茶巾，以保持麵餅的柔軟。煎餅的同時，你大概只有擀出下一張餅的時間！

　　趁熱吃或放冷吃都好，包餡則由你自選，拿來跟咖哩或印度豆泥糊配著一起吃也不錯。

乳酪棒

　　這種美味酥脆的棒子帶出門再好不過了，這些棒子可以做成寶寶能握住的完美形狀與大小，只是他們可能得稍作一番練習，才能找出如何不把棒子弄碎的方法。起士棒可以單獨吃，也可以作為沾棒，用來沾鷹嘴豆泥。

分量：製作 12 ～ 15 根起士棒
材料：・50 公克無鹽奶油，外加一些塗抹用
　　　・100 公克中筋麵粉，多一點作為手粉用
　　　・50 ～ 75 公克乳酪，磨絲，增添風味
　　　・1 顆蛋，打散
　　　・一點冷水（有需要的話）

　　將烤箱預熱到攝氏 200 度，將烘焙紙抹上一層薄薄的油。　把麵粉放入碗裡。奶油切或撥成小方塊，加入麵粉裡。用你的雙手、麵粉攪拌器或食物處理器將奶油搓到麵粉裡去，直到麵粉料看起來像是細細的麵包屑。

　　把乳酪拌進去，攪拌均勻，然後在中間挖一個洞，打蛋進去，攪拌到混合的粉料開始形成麵糰，有需要的話加一點水，把所有材料黏合在一起。

　　將麵糰放在撒了麵粉的平台上，開始用你的指尖揉麵幾分鐘，直到材料已經混合均勻。將麵糰擀成粗鉛筆的形狀，長約 10 ～ 15 公分，放在烘焙紙上間隔約 2 公分。 烘烤約 10 分鐘，直到變成淡金色。

　　從烤箱拿出來，置於一旁稍微放涼，再移到網架上完全放涼。

　　「當查理大了，停止吃母乳後，他的行為在早上一半和下午一半的時候，都會有下滑的情形。我當時並未發現，他只是需要一天吃兩次點心而已。」

　　　　　　　　　　　　珍， 三歲大查理的媽媽

英式司康

傳統的英式鬆糕味道比麵包稍微濃郁一點，是漢堡包或吐司極佳的替代品。

分量：製作約 12 個鬆糕
材料：・225 毫升牛奶
　　　・15 公克新鮮酵母或 1 又 1/2 ～ 2 茶匙乾酵母外加 1 茶匙糖（細糖粉效果最好）
　　　・450 公克高筋麵粉，多一點作為手粉用
　　　・1/2 ～ 1 茶匙鹽（自由選擇）
　　　・油或奶油（無鹽）煎炒用

將牛奶放入鍋中，用小火溫和地加熱，直到牛奶變溫。將牛奶倒進一個小碗裡，把酵母攪拌進去。如果使用乾酵母，請遵照包裝上的說明來做。

把麵粉和鹽篩進一個大碗裡，並在中間挖一個洞。將混合的酵母料和剩下的牛奶倒進去，攪拌成麵糰。這時感覺起來應該是柔軟又乾燥的，如果不是，需多加一點溫牛奶（讓其更柔軟）或麵粉（如果你需要乾一點）進去，直到揉成想要的軟硬度。

　　將麵糰放在稍微撒上一點麵粉的平台上，揉約 10 分鐘，直到麵糰變得光滑又有彈性。將麵糰放回碗裡，用保鮮膜或一條乾淨的溼茶巾蓋住，並放在溫暖的地方至少 45 分鐘，直到體積漲到至少兩倍大，用手指下壓還會往回彈的程度。

　　將麵糰從碗裡面拿出來，用拳頭多打幾次，將裡面的空氣擠出來，然後再簡單揉一下。之後用擀麵棍擀成大約 1 公分的厚度。

　　用一個 7.5 公分餅乾壓模，在麵糰上切出最多數量的圓。將剩下的麵糰揉在一起，視需要再重新擀一次。 將鬆糕放在撒了麵粉的平台上，放在溫暖的地方至少 25 ～ 35 分鐘，讓麵糰膨脹。

　　當鬆糕變蓬鬆後，把平板煎鍋或大平底鍋（最好是不沾鍋）加熱，塗上一層薄薄的油或奶油，開中火，將幾個鬆糕放在鍋上，接著轉小火，煎約 7 分鐘，翻面再煎 7 分鐘。

　　趁熱吃， 兩面都稍微烤過，然後分成兩半。 根據自己的喜好，塗上無鹽奶油或加上甜或酸的配料。

☀ 簡易司康麵包

　　這款簡易的無蛋司康麵包熱著吃或冷著吃都非常可口。這些司康麵包的口感相當扎實，小寶寶可以很容易抓著，不會散掉。鹹味的司康和酪梨醬、鷹嘴豆泥，奶油乳酪或豆子塗醬都很配。原味或水果口味的司康麵包搭配法式酸奶油、鮮奶油和果醬（或水果塗醬）也很美味。

分量：製作約 8 個司康麵包
材料：・225 公克自發性麵粉（或 225 公克中筋麵
　　　　粉外加 3 茶匙泡打粉）
　　　・1 茶匙泡打粉
　　　・50 公克奶油（無鹽）
　　　・約 150 毫升牛奶

　　將烤箱預熱到攝氏 220 度，並將烘焙紙抹上一層薄薄的油。把麵粉和泡打粉一起篩進碗裡，奶油切或撥成小方塊，加入麵粉裡。用你的雙手、麵粉攪拌器或食物處理器將奶油搓到麵粉裡去，直到麵粉料看起來像是細細的麵包屑。

　　混合料的中間挖一個洞，倒入一點牛奶。

　　輕柔地將乾的混合料拌進牛奶裡，讓粉和牛奶和在一起，再加入牛奶拌勻，直到揉成一個軟而不黏手的麵糰。

　　在揉麵板上稍微揉一下麵糰，然後輕輕地擀或壓扁，厚度大約2 公分。切成圓形或三角形的司康麵包（你可以用餅乾切模或是杯子倒轉過來切成圓形）。

　　將司康麵包放在烘焙紙上，兩顆之間大約間隔 2 公分。烘烤10 ～ 15 分鐘，然後在網架上放涼。

　　趁熱吃或放冷吃都好。

你可以這樣做

- 在你把奶油揉進去，還沒加牛奶前，此時可以加入喜歡的材料變化成不同口味。想做水果司康麵包，可以試試 50 公克葡萄乾，或切碎搭紅棗、杏桃乾。

- 想做鹹味的司康麵包，則可以試試 75 ～ 100 公克煮過壓成泥的馬鈴薯、甘藷、蕪菁或金葫蘆南瓜，外加 1/2 茶匙乾燥的香草料（或 1 又 1/2 茶匙新鮮的香草）。

- 想做乳酪司康麵包，則加入 75 ～ 100 公克刨絲乳酪。

製作鬆糕

鬆糕可以做成甜味或鹹味，寶寶和大一點的孩子通常都很喜歡吃。孩子上了學之後，你或許還發現自己仍然在做鬆糕當他的午餐，或是野餐的食物！

輕折這種技巧是用來混合乾溼材料的，這種方式可以讓大量的空氣保留在混合材料裡，讓鬆糕美麗又輕盈。

鬆糕用鬆糕盤來烤最好（比杯子蛋糕盤還深一點）。用內襯紙盒來製作鬆糕可以讓鬆糕容易挑出，外出帶著的時候也不容易破掉。實際烘烤時間是一個大概值，鬆糕應該要烤到呈金棕色，並具有彈性。

如果你不確定烤好了沒，可以把筷子輕輕插進烤盤中間某個鬆糕的中央，拿出來時，表面應該要是乾淨的。如果有東西附著，那就表示鬆糕還沒全好。如果鬆糕裡面還沒熟，外面卻開始燒焦了，就要降低烤箱的溫度。

以下的食譜配方是做正常大小的鬆糕，但是你可能會想做更小的，這樣小手才會更容易握住。小鬆糕所需的料理時間也較短。

香蕉鬆糕

這道美味的無糖食譜是利用稍過熟香蕉的一個好辦法。

分量：製作 12 個一般大小鬆糕
材料：・150 公克自發性麵粉（白麵粉、全麥麵粉或一半一半）
　　　・1/2 茶匙研磨的肉桂，肉荳蔻或綜合香料（自由選擇）
　　　・60 公克奶油（無鹽），多一點作為塗抹用
　　　・4 根非常成熟的香蕉
　　　・2 顆大顆的蛋，打散

將烤箱預熱到攝氏 190 度，在鬆餅烤盤上輕輕塗一層油，或是用紙盒子當內襯。

把麵粉和辛香料放進一個大碗裡，在中間挖一個洞。用一個小鍋，低溫融化奶油。

在另外一個碗裡，用叉子或馬鈴薯壓泥器把香蕉壓成滑順、濃稠的香蕉泥。把蛋和融化的奶油加進去拌勻。

把香蕉泥混合料倒進麵粉裡，輕輕折在一起，然後將混合料用湯匙挖入鬆餅模盤裡。

烘烤 10 ～ 15 分鐘（時間長短視鬆糕大小而定），直到呈現金棕色，並變得有彈性。從烤箱中取出後放置幾分鐘，待變涼再倒出來。

你可以這樣做

🍃 喜歡的話，香蕉泥混合料裡面可以加一把小葡萄乾或切細的紅棗。

秘訣：過熟的香蕉不用丟掉，放進冷凍庫冰起來，下次做鬆糕時就可以拿出來用了。

☼ 胡蘿蔔鬆糕

這款鬆糕甘甜令人驚喜，想吃清淡些的鬆糕時再完美不過了。

分量：製作 10 個正常大小的鬆糕
材料：・150 公克自發性麵粉（白麵粉、全麥麵粉或一半一半）
 ・60 公克奶油（無鹽），多一點作為塗抹用
 ・2 顆大顆的蛋，打散
 ・2 條中等大小胡蘿蔔，刨絲
 ・3 ～ 4 湯匙牛奶
 ・2 顆柳橙皮磨皮，1 顆柳橙榨汁（自由選擇）

　　將烤箱預熱到攝氏 190 度，並在鬆餅烤盤上輕輕塗一層油，或是用烘培紙盒當內襯。

　　把麵粉篩進一個大碗裡，並在中間挖一個洞。

　　用一個小鍋，低溫融化奶油。在另外一個碗裡，將蛋和刨成絲的胡蘿蔔加在一起，然後把融化的奶油加進去拌勻，將胡蘿蔔混合料倒進麵粉裡並輕輕折起來。

　　加入足量的牛奶，讓混合料有軟軟的濃稠度，然後將混合料用湯匙挖入鬆餅模盤裡。

　　烘烤 10 ～ 15 分鐘（時間長短視鬆糕大小而定），直到呈現金棕色，並變得有彈性。從烤箱中取出後放置幾分鐘，待變涼再倒出來。

☼ 乳酪菠菜鬆糕

鹹味的鬆糕是極佳的點心，寶寶也很容易吃。

分量：製作 10 個正常大小的鬆糕
材料：· 油或奶油（無鹽）煎炒用，多一點奶油作為
　　　　塗抹用
　　　 · 1/2 顆小型紅洋蔥，切細
　　　 · 175 公克中筋麵粉
　　　 · 1 又 1/2 茶匙泡打粉
　　　 · 1 茶匙的紅辣椒粉（cayenne pepper）
　　　 · 1 顆蛋
　　　 · 110 毫升牛奶
　　　 · 125 公克乳酪，刨絲
　　　 · 60 ～ 75 公克嫩葉菠菜（baby spinach），
　　　　撕碎

　　將烤箱預熱到攝氏 160 度。把油或奶油在鍋
中加熱，加入洋蔥炒軟，然後用有篩洞的湯匙
撈起來（把油瀝乾），備用。

　　把麵粉、泡打粉和紅辣椒粉篩入一個碗裡，在中間挖一個洞。把蛋打入杯子或碗裡，加入牛奶，攪拌融合在一起，然後將混合的蛋汁倒進麵粉料裡，並折在一起。

　　把乳酪、炒洋蔥和菠菜加進去，輕輕折，直到混合均勻，然後將混合料用湯匙挖入鬆餅模盤裡。

　　烘烤 10 ～ 15 分鐘（時間長短視鬆糕大小而定），直到呈現金棕色，並變得有彈性。從烤箱中取出後放置幾分鐘，待變涼再倒出來。

　　「雷維不是真的愛吃三明治，他只是愛拆。所以我們會帶鹹味的鬆糕或是乳酪司康麵包當作午餐便當或一頓大點心。　這些點心製作容易，也容易冷凍，我們向來都會準備一些。」

露絲，　十九個月大雷維的媽媽

☀ 超級健康的核果鬆糕

這款鬆糕很美味，無糖、還帶著各種健康的食材。加入核果時要磨碎，除非你確定寶寶能處理得很好。

分量：製作 12 個正常大小的鬆糕

材料：· 奶油（無鹽），塗抹用
　　　· 2 顆蛋，打散
　　　· 100 毫升葵花油
　　　· 1 茶匙香草萃取
　　　· 225 公克全麥自發性麵粉（或半白半全麥麵粉）
　　　· 2 顆中型胡蘿蔔，刨絲
　　　· 2 顆甜點用的蘋果，去皮，去核並磨碎
　　　· 75 ～ 100 公克紅棗，切細
　　　· 50 公克乾椰子絲
　　　· 50 公克山胡桃或核桃，研磨的或切細（自由選擇）
　　　· 1/2 茶匙研磨的肉桂
　　　· 1/2 茶匙肉荳蔻

將烤箱預熱到攝氏 180 度，在鬆餅烤盤上輕輕塗一層油，或是用紙盒當內襯。

將蛋、油和香草加入碗裡混合均勻。把麵粉篩進另外一個碗中

並加入胡蘿蔔、蘋果、紅棗、椰子、核果和辛香料,簡單攪拌一下,然後在中間挖一個洞,加入蛋汁並輕輕折在一起。

將混合料用湯匙挖入鬆餅模盤裡,烘烤 10 ～ 15 分鐘(時間長短視鬆糕大小而定),直到呈現金棕色,並變得有彈性。從烤箱中取出後放置幾分鐘,待變涼再倒出來。

你可以這樣做

🍒 給年紀大一點的孩子吃時,核果類粗切就好,這樣會有可口的口感。

☼ 鹹味燕麥餅

燕麥餅在野餐和長途旅行時吃再好不過,因為它不會太酥脆,也比司康麵包或鬆糕有飽足感。大家常吃小麥,燕麥餅正好換個口味,而且非常營養。

一般的整顆燕麥(而非「即沖」燕麥粥的燕麥)拿來作燕麥餅要比碾壓過的扁平燕麥好,因為後者烘烤之後容易破碎,讓燕麥餅變得太酥脆,寶寶不容易處理。做瑞士蛋糕卷的烤盤,長寬大約 20×32 公分、深度 2 公分拿來做燕麥餅相當理想。

材料：・100 公克奶油（無鹽），多一點作為塗
　　　抹用
・300 公克煮粥的整顆燕麥
・350 公克乳酪，磨絲
・2 顆蛋，打散

　　將烤箱預熱到攝氏 180 度，在瑞士蛋糕卷烤盤上輕輕塗一層
油。

　　用一個小鍋，低溫融化奶油。離火，在鍋子裡加入所有材料混
合均勻。 將混合的材料倒入塗了油的烤盤，利用湯匙背將燕麥混合
料壓緊（厚度應該約 1 公分），用烤箱烤 20 分鐘，直到呈現金棕色。

　　在烤盤中放 5 分鐘，稍涼後切成塊，再放到網架上冷卻。

你可以這樣做

🍎 你也可以把蔬菜加到基本款的食譜配方裡，這樣燕麥餅就會多
幾種風味。下列任何一種食材都可以：胡蘿蔔、櫛瓜、紅洋蔥、
甘藷、蕪菁甘藍或歐防風（白蘿蔔），大約 200 ～ 300 公克，
但要磨碎。

烤燕麥蛋糕

這款可口、口感溼潤的蛋糕不含糖，蛋糕的甜味來自於水果和肉桂。如果你剛好沒有燕麥，以果汁機或食物處理器把早餐燕麥片攪碎就可以拿來用了。

材料：
- 2 湯匙油，多一點作為塗抹用
- 1 大顆風味十足的蘋果
- 約 80 公克葡萄乾或其他乾果
- 幾撮研磨的肉桂
- 1 ～ 2 湯匙水
- 200 公克燕麥
- 1 茶匙泡打粉
- 220 毫升牛奶
- 1 顆蛋，打散

將烤箱預熱到攝氏 180 度，並在 500 公克的方形烤模上輕輕塗一層油。

蘋果去皮、去核並切片，和葡萄乾、一撮肉桂和水一起放入一口小鍋中，小火煮約 10 分鐘，直到蘋果變軟，然後壓成泥，並和葡萄乾攪拌均勻。

將其他所有材料放入一個碗中，混合均勻。把蘋果和葡萄乾的混合料加入拌勻。

把混合料倒進長方形烤模中，撒上肉桂。進烤箱烘烤約 30 分鐘（插筷子進去看看是否熟了──熟了之後，筷子抽出來後是乾淨的）。

從烤箱中取出，在一旁放涼，然後再倒出來切成三角形。

趁熱吃或放冷吃都好，但是蛋糕放涼之後比較好切。

你可以這樣做

- 如果你想蛋糕吃起來比較滑順，放進去烤模之前先用電動果汁機把混合料打細。
- 蘋果和葡萄乾可以用微波爐先煮過，不必用鍋。
- 這款蛋糕換成成熟的香蕉來做一樣美味，但還是要加些許蘋果。

☀ 無糖胡蘿蔔蛋糕

這道可口的蛋糕甜味來自於胡蘿蔔、紅棗、椰子和辛香料。除非你確定寶寶可以好好處理核果，否則請把核果磨碎。

材料：
- 200 公克全麥自發性麵粉和 1 茶匙泡打粉（或 200 公克中筋麵粉，外加 3 茶匙泡打粉）
- 110 公克紅棗，切細
- 50 公克乾椰子絲
- 50 公克核果（即核桃或綜合堅果），切細或研磨
- 3 茶匙研磨的綜合香料，肉桂或肉荳蔻
- 110 公克融化奶油（無鹽）
- 110 公克小葡萄乾
- 1 條大條胡蘿蔔，磨絲
- 1 顆柳橙皮，磨碎和 2 湯匙柳橙汁
- 2 顆蛋，打散

加料（**自由選擇**）：
- 200 公克奶油乳酪（義大利馬斯卡波尼乳酪 mascarpone 很適合）
- 100 公克紅棗，切細
- 1 顆柳橙或檸檬（未上蠟）皮磨碎，果肉擠汁

將烤箱預熱到攝氏 180 度，在深度 20 公分圓形烤模上輕輕塗一層油。

　　把麵粉和泡打粉篩進一個大碗裡，加入紅棗、椰子、核果和辛香料，徹底混合均勻，然後在中間挖一個洞。

　　將融化的奶油、小葡萄乾、胡蘿蔔、柳橙皮和柳橙汁混合在一起，加到乾的材料中去，攪拌成濃糊。加入蛋汁，徹底攪拌均勻。用湯匙將混合材料挖到蛋糕烤模裡，放進烤箱，烘烤 45 ～ 60 分鐘，至蛋糕烤熟。

　　將烤模從烤箱裡取出，置於一旁 5 ～ 10 分鐘，等蛋糕變涼後再倒出來，放在網架上冷卻。如果要在蛋糕上面加料，請把材料用果汁機打到滑順，再抹在蛋糕上。這款蛋糕也可以和義大利馬斯卡波尼乳酪或鮮奶油霜一起食用。

香蕉蛋糕

香蕉蛋糕口感溼潤又甜美，相當美味。能用過熟的香蕉來製作最好，香蕉愈熟，蛋糕就愈甜，所以別把這些變得軟綿綿的香蕉給丟了！

材料：
- 奶油或油，塗抹用
- 100 公克自發性全麥麵粉（或 100 公克中筋麵粉，外加 2 茶匙泡打粉）
- 1/2 茶匙研磨的綜合香料
- 50 公克奶油（無鹽）
- 75 公克葡萄乾（或切好的無花果）
- 200 公克香蕉（1 又 1/2 ～ 2 條中等大小的熟香蕉），壓成泥
- 50 公克核桃，研磨或切細（自由選擇）
- 1 顆蛋，打散

加料（**自由選擇**）：
- 200 公克奶油乳酪
- 50 ～ 100 公克 100% 水果抹醬或果醬（自由選擇）

將烤箱預熱到攝氏 180 度，在 450 公克長方形烤模上輕輕塗一層油。麵粉篩進一個大碗裡，並加入辛香料，把奶油切或撥成小方塊，加入麵粉裡。用你的雙手、麵粉攪拌器或食物處理器將奶油搓到麵粉裡去，直到麵粉料看起來像是細細的麵包屑，再把葡萄乾（或無花果）拌進去，而且在麵粉料中間挖一個洞。

　　在另外一個碗中把香蕉壓成泥，加入核桃，並把蛋攪拌進去。將香蕉混合料倒進麵粉料裡，往內折疊。

　　將混合料倒進烤模裡，送入烤箱。將烤箱溫度調低到攝氏 160 度，烘烤 45 ～ 60 分鐘，烤熟即可。

　　將烤模從烤箱裡取出，置於一旁 5 ～ 10 分鐘，待蛋糕放涼後倒出來，放在網架上冷卻。

　　原味直接吃，或是加法式酸奶油或天然優格一起吃，加料也行。

　　要製作蛋糕上的加料，請把所有材料充分混合攪拌（如果果醬結成一糰，可以用果汁機或食物處理器來打），再均勻地抹到蛋糕上。

西班牙蘋果蛋糕

這款可口、口感濕潤的蛋糕放了很多水果在裡面，作法簡單，做製作時間也短，使用的是橄欖油，而不是奶油。

材料：
- 250 公克自發性麵粉
- 1/2 茶匙肉桂
- 50 公克細糖粉
- 1 顆檸檬（未上蠟）皮磨碎，榨汁
- 2 顆蛋，打散
- 160 毫升橄欖油
- 450 公克脆的甜點用蘋果

將烤箱預熱到攝氏 180 度。

把麵粉和肉桂篩進一個大碗裡，加入糖和檸檬皮，在中間挖一個洞，再加入蛋、橄欖油和檸檬汁，邊加邊攪拌，讓混合料變得滑順。

蘋果去皮、去核並切成大約 2 公分的小方塊。輕輕包覆在蛋糕混合料的裡面，並把所有材料倒入抹上一層薄油的 17 公分圓形烤模裡。

進烤箱烘烤 40 ～ 45 分鐘直到蛋糕中央摸起來是硬的，表面呈金棕色。

讓蛋糕留在烤模裡面幾分鐘，放涼，然後倒出來放到網架上。

冷食時可以當做點心，熱食時可以加上鮮奶油或自家製的卡士達。

你可以這樣做

🍃 你可以用肉荳蔻取代肉桂 ，或用脆的梨子取代蘋果。

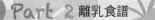

基本技巧與食譜配方

袖中藏幾招基本技巧就可以變化出許許多多不同的菜餚了。自己動手製作酥皮、高湯和醬汁可以幫餐點提供全方位的基礎，也意味著，你可以選擇對寶寶健康的食材。

| 酥皮 |

酥皮可以用奶油，或奶油和（未氫化的）豬油的混合油來製作，如果想要更健康，可以用橄欖油（或葵花油）取代。製作讓人口水直流的酥皮，秘訣就在於東西要鬆盈又保持涼冷，麵糰盡可能愈小愈好。

手作酥皮時，可使用冷水讓手維持冷冷的溫度。當你輕柔地把脂肪搓進去時，把手抬高可以讓混合料保持鬆盈。喜歡的話，可以用攪麵糰機或食物處理器來揉合材料，不過用力揉這個動作應該要短，而且最好用手來揉。

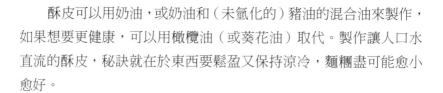

存放：還沒有烤的麵糰可以存放在冰箱兩三天，只是要以食品用保鮮膜包住。有沒有烘烤過的糕餅麵包都可以冷凍，但要包緊。

在擀麵糰時，由自己的方向往外推，壓的時候往下的力量要大過往外的力量。這樣麵糰在烘烤時比較不會縮小。在撒了麵粉的平台上擀麵糰，圓著轉才能往相同的方向

擀，若是使用擀麵板，可以轉動板子。麵糰不需要上下翻面，不過偶而要拿起來，檢查一下是否黏在板子上了。

☀ 簡易酥派皮

這道食譜配方可以製作足以覆蓋 23 公分長的派盤或烤模；如果你的派上面要麵皮覆蓋，大約需要一倍半的分量。食譜中提到 250 公克的酥皮時，表示這個酥皮是由 250 公克麵粉製作的。

材料：
- 125 公克脂肪──奶油（無鹽），或加入一半豬油（未氫化）和一半奶油，多一點作為塗抹用
- 250 公克中筋麵粉，多一點作為手粉用
- 約 3 湯匙冷水作為調和用

派盤或烤盤薄薄地上一層油。把麵粉放入碗裡，加入脂肪（切或撥成小方塊），然後用指尖將油脂搓到麵粉裡去，直到麵粉料看起來像是細細的麵包屑。

用一把冷刮刀，一次滴幾滴水，以交叉的方式切割。當混合料開始黏成糰的時候就停止。將混合料收集成一糰，輕輕揉幾秒，只用指尖，直到形成硬麵糰。

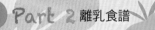

　　上一層薄薄麵粉在酥皮表面，輕輕擀到約 3 公釐厚。然後小心拿起來（鋪在擀麵棍上）移到派盤或烤模上。將酥皮整形，以符合模子大小，角落的地方要輕輕放，不要拉扯。喜歡的話，可以烤成通用的酥皮，然後再根據食譜的說明填入內餡後料理。

你可以這樣做

- 作酥皮的時候，可以用油來取代奶油或豬油。鹹味的食譜最適合使用橄欖油，葵花油則較適合甜味的。只要用 65 毫升的油，用叉子混入麵粉裡（或用電動攪拌機）直到混合料變得酥鬆溼潤。慢慢把大約 125 毫升的冷水逐次加入，直到麵粉料開始黏合，然後依照上述的食譜進行製作。

- 製作乳酪酥皮時，可以使用 200 公克中筋麵粉、100 公克油脂和 100 公克刨絲的乳酪。 把油脂搓入麵粉裡面後再加乳酪。

 ## 烘烤「通用」酥皮

　　先烤好「通用」的酥皮（即不含內餡的酥皮）是確保製作的派皮底或鹹派皮不會沒烤透的一個好辦法，內餡如果很溼潤，或不需要久烤時特別有用，所以非常適合用於水果塔或鹹派的製作。

　　要讓派皮的底部保持平整，避免裡面的空氣在烤後凸起，你可以用叉子在底部幾個地方戳一戳，或以防油紙做內襯，用一層烘焙用陶瓷豆子或乾豆子、扁豆或米來壓重。把酥皮放入預熱好的烤箱

裡以攝氏 190 度）烘烤 10 〜 12 分鐘。檢查一下，確定皮開始變乾
（但還不是烤成棕色），把烤豆子和紙（如果有使用的話）拿走。
喜歡的話，用一點點蛋汁將裡面刷一刷，讓派底更酥脆，然後再放
回烤箱烤 3 〜 5 分鐘，把皮烤好。烤好後，如果發現皮有裂縫或出
現破洞，切一點生的派皮貼補上去，再把內餡放進去。

| 高湯 |

　　好的高湯是很多湯品、醬汁和其他菜餚的基底，比使用清水更
可以讓菜餚添加風味。市售的高湯塊含鹽量很高，所以如果你有時
間，還是自己動手為佳，特別是當你家有小朋友的時候。作高湯是
利用「失鮮」青菜和烤雞雞架子的一個好辦法。

　　高湯很適合大批製作並冷凍，可以利用優格的空盒子或是
250 〜 500 毫升的容器分裝高湯。要用高湯時，先在冷藏庫裡面解
凍，或是直接把冷凍的高湯放進鍋子裡煮滾就可以了。

　　雖然熬製高湯的時候可以加很多材料和調味料，不過如果你想
大批製作，又不知道確切用途，那麼還是盡量保持簡單就好。香草、
蒜頭等等可以根據實際上要料理的食譜，之後再加。

肉骨高湯或雞骨高湯

肉骨頭或雞架子製作的高湯，風味十足。使用雞架子或是羊腿骨製作高湯，代表裡面的營養都可以萃取出來（若有剩餘的肉也可以留著，一起熬煮）。另一個辦法是直接從肉販子那裡單獨買肉骨頭來製作高湯，請他們幫你剁成適當大小。

大多數基本的高湯都只用骨頭，不過你也可以加根莖類蔬菜一起熬，像是胡蘿蔔或蕪菁（不能用馬鈴薯，因為煮久了會化掉，讓高湯變濁）或其他蔬菜的菜梗，像是青花椰菜或芹菜，這樣滋味會更豐富。

材料：・500 公克肉骨（羊肉、牛肉、豬肉或鹿肉），
　　　 或是從整隻雞上拆下來的雞骨（雞架子，包
　　　 括上面連著的皮）
　　　・1 公升冷水
　　　・1 根芹菜管
　　　・5 ～ 10 顆黑胡椒粒（自由選擇）

將骨頭放入一口大鍋裡。如果用雞架子，可以視需要拆開，才放得進鍋子裡。加入約 1 公升的冷水，水一定要淹過骨頭，煮滾。

將芹菜切成大段。鍋子裡的水滾後，將表面上浮出來的渣撈掉，加入芹菜和胡椒粒，再煮滾。有需要的話，再撈一次渣，然後轉小火，蓋上蓋子，熬約 3 個鐘頭。

用篩子過濾高湯，把所有固體材料都拿掉，放冷。高湯如果太油，把油撈一些掉。然後把高湯放入冷藏庫或冷凍庫冰，需用時隨時取用。

☼ 蔬菜高湯

蔬菜高湯是用蔬菜進行熬煮，直到大部分的味道都融入水中。湯熬好之後，把蔬菜撈出來丟棄。如果你想煮裡面有放蔬菜的湯品，必須另選新鮮的蔬菜加入，不能用熬高湯的。這個食譜需要一口容量為 3 公升的湯鍋。

材料：・400 公克洋蔥（大約 3 大顆）
・400 公克胡蘿蔔（大約 6 條中型）
・4 ～ 5 根芹菜管
・1 顆小型蕪菁
・5 ～ 10 顆黑胡椒粒（自由選擇）

蔬菜切大塊，放入大湯鍋裡，把黑胡椒粒和 2 又 1/2 公升的水加進去，煮滾。轉小火，蓋上蓋子，熬煮大約 3 個鐘頭。

用篩子過濾高湯，把所有固體材料都拿掉，放冷。然後把高湯放入冷藏庫或冷凍庫冰，需用時隨時取用。

| 基本醬汁 |

經典羅勒青醬

　　趕時間的話，冰箱裡有一罐青醬簡直是就是救命萬靈丹。只要煮一些麵，加入青醬，就變出一餐美味佳餚了。魚料理中放青醬，湯汁裡會增加特殊的風味（只是要上菜之前再加），三明治、烤蔬菜和許許多多菜餚中都能添加，豐富滋味。

　　大多數市售的青醬都含鹽，不過自己動手做很簡單，在冰箱中也能保存得很好。這個版本相當美味，口感極佳；可以用搗杵和研缽來磨（如果你想用傳統作法），也可以用食物處理器（趕時間的話）來打。

　　乳酪、松子和油的分量可以根據個人口味調整。

材料：
- 1 大把新鮮羅勒葉 （切好後大約 1 大杯分量）
- 1 ～ 2 瓣蒜頭，切細或壓碎
- 30 公克松子
- 50 公克帕馬森乳酪，現磨
- 25 公克硬羊乳乳酪（Pecorino cheese），現磨（或多 25 公克帕馬森乳酪）
- 約 100 毫升橄欖油
- 1 小撮現磨黑胡椒（自由選擇）

以搗杵和研缽來磨

　　羅勒葉粗切一下，和切好的蒜頭一起放進研缽裡槌打。松子放在幾張防油紙或蠟紙中，用擀麵棍壓碎 （這樣比較節省時間）。把松子加到研缽，將所有混合材料徹底的研磨，直到變成濃稠的糊狀。

　　放入乳酪再次槌打。一次加一點橄欖油進去，試試看是否到達你想要的濃稠度，喜歡的話，這時候可以加一撮黑胡椒進去，再繼續研磨或槌打。

　　供食之前，先讓青醬靜置 5 分鐘。

使用食物處理器

　　把羅勒葉、蒜頭和乳酪一起放進去攪碎。 加入核果，稍微再打一下。

　　繼續攪拌，慢慢把橄欖油加進去，一邊打一邊觀察濃稠度。 不必打得太滑順，應該要有些核果的口感才好。將混合材料移入碗裡，並加入黑胡椒增添風味。

　　供食之前，先讓青醬置靜 5 分鐘。

你可以這樣做

❧ 想要有更強烈的堅果風味，松子在加進去之前，先在乾的炒鍋裡稍微烘烤幾分鐘。

❧ 喜歡的話，可以用核桃或腰果來取代松子。

❧ 最後加一點檸檬汁，有加分的效果。

❧ 可以用芝麻菜（rocket）或西洋菜（watercress） 來取代羅勒葉。（註：九層塔也是羅勒屬，味道和羅勒相近，在台灣也常用來作為羅勒的代替品。）

☀ 速食咖哩醬

這款基本的溫和微辣咖哩醬在冰箱可以放兩個禮拜。以研磨好的辛香料製作而成，但是如果你有電動研磨機（或是大搗杵、研缽和很多時間），可以從整顆的香菜籽和小茴香籽研磨起，製作一個更原味的版本。處理過生辣椒後以及和寶寶接觸之前，請別忘記把手洗乾淨，因為辣椒汁刺激性很強。

材料：
- 1 條新鮮辣椒，辣度溫和或中等辣度（去籽，去筋），切細
- 5～6 瓣蒜頭，切細或壓碎
- 2 公分長的新鮮薑塊，磨碎
- 4 湯匙研磨香菜籽
- 4 湯匙研磨小茴香籽
- 2 湯匙芥末籽，壓碎
- 1 湯匙辣椒粉
- 1 湯匙薑黃
- 1 湯匙辣椒（paprika）橄欖油

將辣椒切碎，加入蒜頭和薑（如果有薑汁，一起都加進去），研磨到醬很滑順。加入辛香料再繼續磨。加入足夠的油量，做成柔軟的醬膏狀。

把醬裝到瓶子裡，放入冰箱。

微辣泰式綠咖哩醬

泰式綠咖哩魚或綠咖哩雞這一類的食譜，都需要用到泰式綠咖哩醬。外面賣的綠咖哩通常都很辣，許多自家特製的版本也一樣辣。

這是一款辣味溫和的綠咖哩，但是還是很辣。所以給寶寶做料理時，最好先從小量加起，然後在咖哩裡加入很多溫和的椰奶，讓寶寶從這樣的辣度開始嘗試。

另一個辦法是，你可以少用一點辣椒。這款綠咖哩醬在密封的瓶子裡，放在冰箱約可保存一個禮拜左右。處理過生辣椒後以及和寶寶接觸之前，請別忘記把手洗乾淨因為辣椒汁刺激性很強。

材料：
- 2 條辣度溫和／中等大小的綠色糯米辣椒，去籽
- 2 個紅蔥頭（或 4 根青蔥）
- 3 瓣蒜頭
- 2 ～ 3 公分長的新鮮薑塊，去皮
- 2 枝香茅，修剪好，外葉去掉並切好
- 2 湯匙新鮮香菜，切好
- 1 茶匙研磨小茴香
- 1 茶匙研磨香菜籽
- 1 茶匙萊姆皮（未上蠟），磨絲
- 1 湯匙萊姆汁
- 2 湯匙油

辣椒、紅蔥頭、蒜頭和薑都用刀切碎，也可以使用食物處理器攪打。把其他材料加入，徹底攪拌，直到滑順（想要非常滑順的話，可以用搗杵和和研缽研磨）。需要的話，可以加一點油，比較容易控制濃稠度。

☼ 白醬的製作

白醬是許多醬汁的基底，在很多菜色，像是千層麵和魚派中都會用到。奶油炒麵糊（roux）是白醬的「經典」作法，不過，加玉米粉或用微波爐，做起來都很快。

 ### 奶油炒麵糊方式

材料： ·25 公克奶油（無鹽）
·3 湯匙中筋麵粉
·300 毫升牛奶

在鍋中融化奶油，加入麵粉並炒成糊狀（roux）。炒 2 ～ 3 分鐘直到麵粉糊開始冒泡。

鍋子離火，加入一點牛奶，攪拌到麵糊料滑順為止。把剩下的牛奶一點一點慢慢加入，並持續攪拌以免結成塊狀。鍋子放回爐子上，煮滾，持續攪拌。

醬汁保持在沸點左右（並持續不斷攪拌）直到醬汁變得濃稠，此時再煮 1 ～ 2 分鐘，確定醬汁完全煮熟。

 ## 加玉米粉作法

材料：・300 毫升牛奶
　　　・2 湯匙玉米粉

把幾乎全部的牛奶（只留 2 ～ 3 湯匙）都倒入進鍋子裡，煮滾。同時，在一個小碗中，將剩下的牛奶和玉米粉混合，做成滑順的鮮奶油狀。 鍋子中的牛奶沸騰後，倒一點在玉米粉混合料上，做成勾芡料，好好的攪拌均勻。

把所有的勾芡料倒回剩下的牛奶裡，煮滾，並用湯匙或打蛋器持續攪拌，以免結成塊。醬汁保持在沸點左右（並持續不斷的攪拌）直到醬汁變得濃稠，這時候再煮 1 ～ 2 分鐘，確定醬汁完全煮熟。

秘訣：玉米粉加一點冷水或牛奶做成的勾芡料，可以加到任何一種醬汁裡去讓醬汁變濃稠。

 **微波爐作法**

材料： ・25 公克奶油（無鹽）
　　　 ・3 湯匙中筋麵粉
　　　 ・300 毫升牛奶（室溫或微溫）

　　把奶油放入微波爐餐碗中，用微波爐的高溫加熱 20 ～ 40 秒，直到奶油融化。把碗拿出來，加入麵粉和牛奶，一起用力攪拌。

　　用高溫微波加熱 2 ～ 4 分鐘，每隔 30 秒停下來攪動，直到醬汁變濃稠，並徹底被加熱。上桌之前再攪一攪。

你可以這樣做

🥬 製作鹹味的醬汁時，其中一半的牛奶可以用高湯來取代。

🥬 如果想要醬汁稀一點，最後可以多加一點牛奶、高湯或水進去。

原味白醬的變化

原味白醬做好之後，你會發現稍微調整一下食譜配方，做出更有趣的醬汁其實蠻容易的。

義大利白醬

這種醬汁通常用在製作千層麵和希臘式千層茄子（moussakas）時。 先製作白醬，但少用一點牛奶，讓醬汁更加濃稠，做好後加上一點磨碎的肉荳蔻。

乳酪醬

先製作白醬，鍋子離火，拌入 50～100 公克刨成絲的乳酪（分量看你想要醬汁的乳酪有多少，不要繼續煮，不然乳酪可能會抽絲）。加入 1 茶匙芥末，以及麵粉或玉米粉以增添風味。

魚醬

這是淋上水煮魚肉的醬汁。製作時只用 150 毫升牛奶做醬汁（這樣醬汁就會很濃稠），接著，當魚煮好之後，取 150 毫升煮魚的水拌入醬汁裡。

致 謝

感謝貢獻想法、食譜、與照片給我們的眾多家長，以及線上論壇的許多管理員和會員，他們非常熱忱地提出回應。也感謝一小群測試食譜的生力軍，以及倫敦 Mudchute Kitchen 的菲力帕 · 戴維絲（Philippa Davis）提供簡易麵包食譜。

特別感謝 Carol Williams （嬰兒餵養聯盟 Infant Feeding Consortium 以及倫敦大學的兒童健康研究所 Institute of Child Health），提供我們營養方面的建議 。感謝 Judith Bird、Jessica Figueras、 Lydia Hoult、 Elizabeth Mayo、 Derrick Murkett 和 Sarah Squires 在閱讀初稿時提出的見解，並感謝我們的代理人 Clare Hulton 和編輯 Julia Kellaway 與 Louise Coe 給予我們的耐心。當然了，大大的感謝之忱獻給我們的伴侶和家人，謝謝他們長期以來辛苦的支持。

BLW 寶寶主導式離乳法〔實作指導〕暢銷修訂版
130 道適合寶寶手抓的食物，讓寶寶自己選擇、自己餵自己！

作　　者／吉兒‧瑞普利（Gill Rapley）、崔西‧穆爾凱特（Tracey Murkett）
譯　　者／陳芳智
選　　書／林小鈴
特約編輯／潘嘉慧
主　　編／陳雯琪

行銷經理／王維君
業務經理／羅越華
總 編 輯／林小鈴
發 行 人／何飛鵬
出　　版／新手父母出版
　　　　　城邦文化事業股份有限公司
　　　　　台北市中山區民生東路二段 141 號 8 樓
　　　　　電話：(02) 2500-7008　傳真：(02) 2502-7676
　　　　　E-mail：bwp.service@cite.com.tw
發　　行／英屬蓋曼群島商家庭傳媒股份有限公司城邦分公司
　　　　　台北市中山區民生東路二段 141 號 11 樓
　　　　　讀者服務專線：02-2500-7718；02-2500-7719
　　　　　24 小時傳真服務：02-2500-1900；02-2500-1991
　　　　　讀者服務信箱 E-mail：service@readingclub.com.tw
　　　　　劃撥帳號：19863813
　　　　　戶名：書虫股份有限公司

香港發行所／城邦（香港）出版集團有限公司
　　　　　　香港灣仔駱克道 193 號東超商業中心 1F
　　　　　　電話：(852) 2508-6231　傳真：(852) 2578-9337
　　　　　　E-mail：hkcite@biznetvigator.com
馬新發行所／城邦（馬新）出版集團 Cite(M) Sdn. Bhd. (458372 U)
　　　　　　11, Jalan 30D/146, Desa Tasik,
　　　　　　Sungai Besi, 57000 Kuala Lumpur, Malaysia.
　　　　　　電話：(603) 90563833　傳真：(603) 90562833

封面、版面設計／徐思文
內頁排版、插圖／徐思文
製版印刷／卡樂彩色製版印刷有限公司
2017 年 10 月 5 日 初版 1 刷、2022 年 07 月 05 日二版 1 刷　Printed in Taiwan
定價 520 元
ISBN　978-626-7008-21-8

Photo credits
Pages 18, 21, 25 55, back cover far left and back cover centre right © Caroline Gue(of CP Photography)；Pages 40, 41 and 46 © Shutterstock；Pages 19 © David Payne；front cover © Janice Milnerwood；back cover centre left and back cover centre right © Shutterstock

Thank you to the parents of these babies, for permission to use their photographs: Chloe Stanwick, 7 months (pages 3 and 64)；Arthur Gue, 6, 9 and 12 months (pages 18, 21, 25, 53, 55, back cover far left and back cover centre right)；Isabelle Dammery, 7 months (page 19)；Santiago Baldessari, 6 months (page 28)；Finn Warren, 6 months (page 37)；Sophie Livings, 10 months (pages 40 and 46)；Elsie Rweyemamu, 8 1/2 months (page 41)；Max Kellas-Mabbott, 10 months (page 26)；Amy Spencer, 6 1/2 months (page 51)

國家圖書館出版品預行編目 (CIP) 資料

寶寶主導式離乳法實作：130道適合寶寶手抓的食物，讓寶寶自己選擇、自己餵自己！/ 吉兒.瑞普利 (Gill Rapley), 崔西.穆爾凱特 (Tracey Murkett) 著；陳芳智譯. -- 2 版. -- 臺北市：新手父母出版，城邦文化事業股份有限公司出版：英屬蓋曼群島商家庭傳媒股份有限公司城邦分公司發行，2022.07
　　面；　公分.
譯自：The baby-led weaning cookbook : over 130 delicious recipes for the whole family to enjoy
ISBN 978-626-7008-21-8(平裝)
1.CST: 育兒 2.CST: 小兒營養 3.CST: 食譜
　　428.3　　　　　　　　　　　　　111009076